U0155600

丛书前言

科学征服了世界，艺术美化了世界。

艺术产生于人类文明早期。已知最早的艺术品是40000年前德国的狮人牙雕（Hohlenstein-Stadel），这件艺术品表现出早期人类对人和狮子形象的一种自然主义观察，是件牙雕的杰作。现在的我们很难想象，平均寿命只有十几年，且终日忙于寻找庇护所和食物的原始人，为何会耗费大量时间来制作这样一件只能供赏玩而没有实际用处的牙雕。而从这件艺术品开始，人类就开启了对艺术的追求和创作之旅！

32000年前，法国南部阿尔代什省的一个洞穴中，史前人类用赭石在洞壁上绘制了犀牛、狮子和熊，壁画线条流畅，色彩明暗相间；

公元前15000—前13000年，洞穴居民们在多尔多涅的拉斯科洞顶绘制了一幅幅公牛，牛的形象特征鲜明，简练而富野性；

公元前5000—前3000年，中国仰韶文化制作出了彩陶，彩陶图案具有抽象主义特征，纹理优雅，且有一种朴素的对称美；

4000年前，苏美尔人在一块泥板文书上刻下了乐谱，上面是一首赞颂统治者里皮特·伊什塔的咏歌的指令和调音；

2500多年前，《诗经》收集了自西周初年至春秋中叶500多年间的诗歌300余篇，对中国的文学、政治、语言甚至思想都产生了非常深远的影响；

14—16世纪，西欧和中欧国家掀开了西方艺术史中最灿烂辉煌的一章——文艺复兴，《蒙娜丽莎》《最后的晚餐》《大卫》《西斯廷圣母》等传世艺术名作纷纷涌现；

……

当然，因为文化的差异，中、西方艺术也有很大不同。西方文化通过宗教进行道德和艺术教化，西方艺术大多涉及宗教艺术，礼乐的教化主要通过宗教进行。而中国艺术一方面强调对人生境界的追求，另一方面也包含着社会责任，相比之下更具美学意蕴与对生命的体悟。中国艺术没有特别凸显其独立性，可以说中国人的生活就是艺术的生活，中国文化本身就渗透了一种追求艺术境界的艺术精神。中国艺术是以立意、传神、韵味、生动作为最高标准，在中国文化中，陶冶情操、提升人生境界需要由艺入道，同时要用道来摄艺，这是中国乐教最根本的精神；中国文化还强调“文以载道”，如周敦颐借《爱莲说》来展现对高洁品格的追求，范仲淹以《岳阳楼记》来抒发“先天下之忧而忧，后天下之乐而乐”的情怀，中国艺术从来不是为了简单地满足五感体验，更重要的是用来教化民众、和谐社会、休养生息、陶冶情操。因此，中国的音乐、书画、诗歌等都强调表意，欣赏者要先得意、会心、体悟，然后才能回味无穷。

但是无论是在东方还是西方，艺术与人类文明总是相伴相生的。不夸张地说，以传播美为目的的艺术，揭示了人类文明进化的历史进程：无论是画作、建筑、音乐、戏剧、电影还是其他的艺术形式，都反映了创作者所处的时代环境和对社会的所思所想；无论是原始艺术、古典艺术、现代艺术、后现代艺术还是当代艺术，都是文明的代表，它们能够帮助我们对抗记忆的流失，感受时代的脉络。

此时此刻，可能很多读者心中都会浮起一个疑问：艺术对普通人来说到底有什么意义？

艺术是生命成长的必备养料。很多时候，我们对待艺术的态度就是我们对待人生的态度。艺术之美本就包含着持之以恒、多元化思维、善良意志、兼容并取等多种美好的精神元素，用审美的眼光和心胸看待世界，我们就能感受到它的无限意味和情趣，工作态度、生活品位与人生境界也能因此得到提升。理解了这一点，我们也就理解了日本教育家鸟居昭美为什么一直强调“培养孩子要从画画开始”。

艺术可以带来人生的幸福感。艺术是人之为人的一种独特生活仪式，它让我们的生命更加丰富、更有层次，并能从细微之处获得不一样的人生体验。懂画作的人，会在一幅名作前流连忘返，从线条与色彩中看到画家对生命的热情；懂文学的人，会从文字中取暖，读懂他人的故事，看见自己的人生；懂建筑的人，会透过建筑物的形象与感染力，看到设计者的匠心与时代的精神……

本系列丛书包括中国文学、外国文学、中国绘画、外国绘画、中国戏剧、外国戏剧、中国建筑、外国建筑、中国雕塑、外国雕塑、中国美学、西方美学、中国电影、外国电影、中国音乐、外国音乐、中国书法等17本。书中对理论、历史一一备述，将人物、流派、作品、鉴赏知识娓娓道来：东西方艺术差异从何而来？文学、绘画、建筑、雕塑等各个艺术领域都有哪些杰出的作品与大师？如何通过艺术教育来塑造个人性格、培养自信心？

阅读本丛书后，相信读者可以自己得出这些复杂问题的答案。

普遍化的艺术教育，是文化教育的一部分，是每个人都有必要接触和学习的。本系列丛书尤其适合青少年学习、增广见闻之用，通过艺术教育，培养素质卓越、能力全面的“人”，这已经是当今国际著名大学和艺术院校普遍认同的教育理念。

需要指出的是，艺术教育不是精英教育，艺术也不只属于少数人：我们日常使用的手机与电脑体现的是工艺美术之美，我们的城市建筑、雕塑都是设计艺术的一部分，我们听的音乐、看的电影也同样是艺术结晶……艺术没有门槛，它不要求我们创造，而是带领我们去欣赏这个世界上已经创造出的美好事物。艺术是创造、是消遣，也是激励，它能够消解时空边界，让我们逃离现实的烦扰，去体会不同时代、不同国籍的创作者们的浓烈情感与记忆；它能让我们形成自己的独立思想，体会美、浸入美，进而激发我们追求更美好的生活！

“艺术是愉悦的沟通、可爱的品享、无声的奉献、延年益寿的境界、使世界宁静的良药。”最后，献上美国第二任总统约翰·亚当斯的名言，与读者朋友共飨。

自　序

求学时期学习的《中国建筑史》是梁思成先生的大作，后来也看过刘敦桢先生、潘谷西先生的版本。关于中国建筑枝叶藤蔓类的书和文章，当下在各种渠道不断出现，似乎随便选取一个点都能展开写出沉思翰藻的文章来。

这突显了中国建筑史的特点——包罗万象、博大精深。梁思成先生说过："中国建筑之个性乃即我民族之性格，即我艺术及思想特殊之一部，非但在其结构本身之材质方法而已。"中国建筑发展凝练至今，既有家、家族、家国以及在这一社会结构中产生的儒家学说的形制影响，又有"三教合一"信仰逻辑的审美影响，也有阴阳五行为基础的各类学说的空间影响，当然最大程度上也受到了以中国长江、黄河一带为中心的气候条件的影响。

建筑能够表达"人"的审美。中国历史进程演进过程中，决定建筑风格的"人"不断在变化，这里的"人"包括了汉、满、蒙、回、藏等民族，所以中国建筑史也是多民族的建造史和审美史。嬴政选择了大气磅礴的阿房宫，刘邦选择了门阙巍峨的未央宫，李世民选择了气魄宏伟、严整开朗的长安城，赵匡胤选择了清雅柔逸、秀丽俊挺的汴梁，忽必烈则更偏好于粗放不羁的游牧风格，到朱元璋则喜欢严谨工丽、清秀典雅的风格，最后，清朝统治者沿袭了几朝形制，选择了雍容大度、机理清晰的建筑风格。到了近代，中西文化的交融深刻影响了城市建筑，而工业革命和技术革新又为现代建筑刷上了清晰的底色。阅读建筑的过程，也是在阅读历史，阅读这世间来去的人们。

梁思成先生说："如果世界上艺术精华，没有客观价值标准来保护，恐怕十之八九均会被后人在权势易主之时，或趣味改向之时，毁损无余。"本书就是用图文的方式，尝试整理中国建筑的些许脉络，不求精彩，但求留存。

目录
Contents

第六章 五代辽宋金时期建筑多面发展

第七章 元明时期建筑群规模宏大

第九章　中国近代建筑新旧交织

第十章　中国现代城市建筑多元化

第一章 先秦时期木构建筑高度发展

先秦时期的建筑是比较粗糙的。在原始社会阶段里，建筑的发展很缓慢，我们的祖先从穴居开始，逐步掌握了建造地面房屋的技术，建造了原始的木结构房屋，满足了基本的居住需求。在奴隶社会，大量的奴隶成为劳动力，再加上青铜工具的使用，建造出了很多宏伟的城市、宫殿、宗庙和陵墓，如河南安阳殷墟遗址等即可证明。战国时期，中国进入封建社会，生产工具和生产力都有了较大发展，建筑在这一时期也有了巨大的发展。高台建筑非常普遍，城市建筑水平有了一定的提高。

第一节　原始建筑——巢穴分居

中国境内已知的最早人类是元谋人，距今大约有170万年。他们的生活方式是白天采摘果实，猎取野兽，晚上回到山洞里休息。这些山洞都是天然洞穴，所以现在也称这种居住方式为“穴居”。这样的洞穴在北京、辽宁、贵州等地都有发现，也证明了这是早期人类的普遍居住方式。

经过漫长的岁月变迁后，我国广大地区进入原始社会晚期——氏族社会。这个时期的建筑方式发生了很大改变。如今，人们考古时发现了大量氏族社会时期建造的房屋遗址。由于各地气候、地理、材料等条件的不同，这些建筑的方式也多种多样，其中最具代表性的房屋遗址主要有两种：一种是分布于长江流域潮湿地区的干栏式建筑；另一种是黄河流域的木骨泥墙房屋。

干栏式建筑是一种底部架空、高出地面的房屋，是由巢居发展而来的。这是一种非常独特的建筑样式，不但可以防止野兽侵袭，还有利于通风、防潮，因此很适合在潮湿多雨的中国西南部的亚热带地区使用，主要分布在我国广西、贵州、云南、海南、台湾等地区。长江流域干栏式建筑的典型代表是浙江余姚河姆渡遗址。河姆渡人，是距今7000多年，生活在长江下游的古人类。目前遗址中发掘出的一处木架建筑遗址，长约23米，纵深约8米，据推测原来应是一个体积很大的干栏式建筑。另外，值得一提的是，河姆渡人建造的房屋是我国已知最早采用榫卯技术建造的木结构房屋。榫卯是一种利用凹凸结合连接木构件的方式，凸出部分为榫（或榫头），凹进部分为卯（或

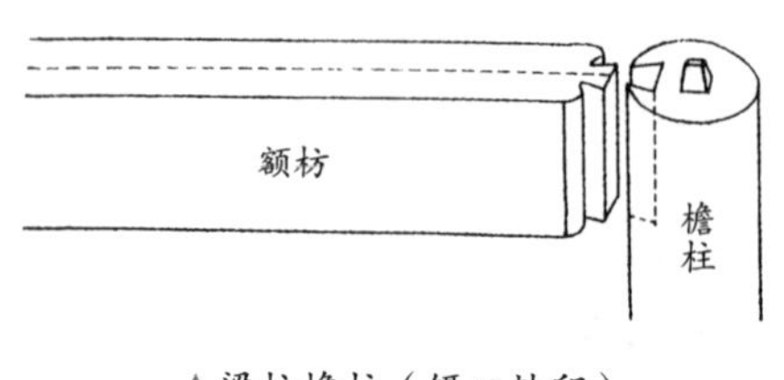

▲梁枋檐柱（镊口鼓卯）

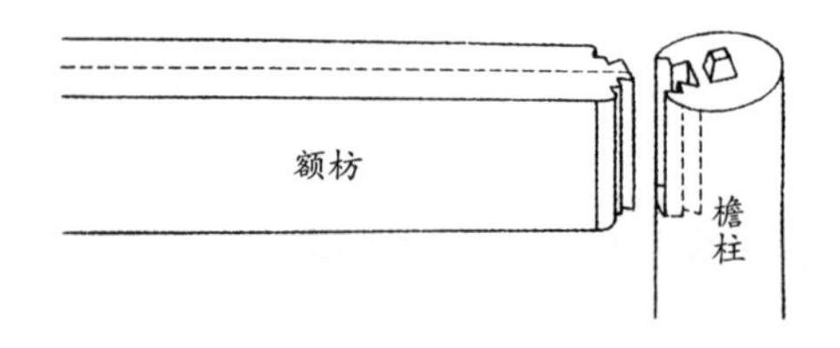

▲额枋檐（吞口鼓卯）

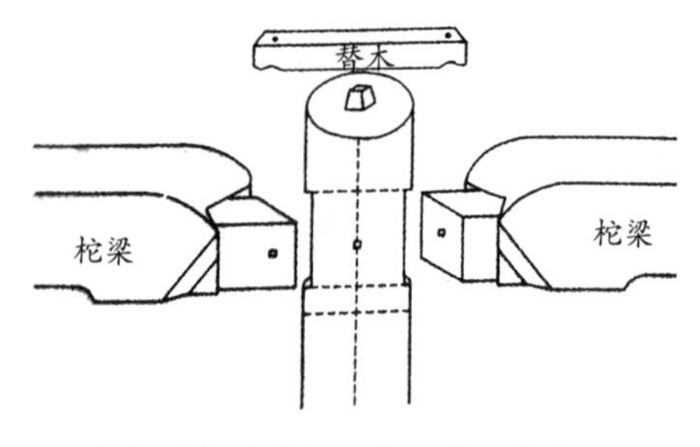

▲梁枋对卯（藕批搭掌、箫眼穿串）

榫眼、榫槽）。这种连接方式在我国古代一些家具和木制器械上经常用到。即使到了现代，家具中也常见这种结构方式。

黄河流域的木骨泥墙房屋是由穴居发展而来的。黄河流域遍布丰厚的黄土层，土质中含有石灰质，墙壁不易倒塌，很适合挖洞穴。因此，在黄土沟壁上挖穴而居是这一地区普遍的居住方式。随着原始人不断积累建造经验和技术，地面上的木骨泥墙房屋渐渐取代了窑洞式的穴居。原始社会晚期，黄河中游地区经历了仰韶文化和龙山文化两个时期，这两个时期房屋所呈现的建筑方式略有不同。

仰韶文化时期的氏族已经开始过定居的农耕生活。仰韶时期，房屋外形主要是长方形和圆形，房间已经隔离开来，墙体是木骨架上扎枝条再涂上泥做成的。室内通常立着几根木柱，用来支撑屋顶中部的重量。同时，屋顶上还设有排烟口，用来排除室内烧火的坑穴中产生的烟雾。在陕西西安发现的半坡村遗址，就属于这种建筑方式。半坡村遗址呈椭圆形，北面是墓地，南面是居住区，东北面是陶器窑场。居住区内的房屋共有36间，分为两片区域，有一定的布局。

龙山文化时期，在半穴居的住房遗址中，出现了两个相连的套间。套间平面的分布就像一个“吕”字，分为内室和外室，由这种布置可见，那时的人们已经开始了以家庭为单位的生活。内室有烧火的地方，可以做饭

▶斗拱榫卯结构。
榫卯是古代中国建筑、家具及其他器械的主要结构方式，其特点是在物件上不使用钉子，利用卯榫加固物件，体现出中国古老的文化和智慧。

和取暖用。外室还设有地窖，以贮藏生活物资，这说明人们开始有私人财产了。此时，建筑技术也有所进步，为了使室内看起来干净、明亮，地面上都涂抹了一层坚硬的白灰。其实，这种技术在仰韶时期就有所应用，真正得到推广却是在龙山时期，且是以人工烧制的石灰为原料的。另外，属于龙山文化的河南安阳后岗的房屋遗址中，还发现了土坯砖；山西襄汾陶寺村的房屋遗址的白灰墙面上出现了刻画的图案，这是目前我国已知最早的室内装饰。

在原始社会，祭祀是原始人类非常重要的活动。因此在原始社会文化遗址中，祭坛、神庙这种向神表达敬意的建筑也很常见，比如浙江余姚的瑶山和汇观山发现了两座用土铸成的长方形祭坛，内蒙古和辽宁分别发现了三座用石头堆成的方形或圆形的祭坛。这些祭坛都位于山丘上，远离居住区，可能是几个部落共同用来祭祀天地神或农神的。

在辽宁西部建平与凌源交界处的牛河梁，发现了一座神庙遗址，是目前我国发现的最古老的神庙。据推测，神庙在修建时，先在原来的地基上挖好了室内地面，然后用木骨泥墙的方法建造了墙体和屋顶。神庙室内的墙面上还发现了由赭红（红褐色）间黄白色组成的几何图案装饰。原始先民们为了表达对神的虔敬之心，将装饰艺术与建筑形式融合在一起，促进了建筑艺术向更高层次的发展。

龙山文化时期，部落聚居区周围筑有土墙的现象已经十分普遍，土墙可以防御外敌入侵，提高防卫能力。由此可见，随着私有制和阶级出现，城市正在慢慢萌生。

第二节　夏商建筑——遗址见证

夏朝（前2070—前1600年）是中国历史上的第一个王朝，中国从此进入奴隶制社会，在建筑形式上也开始转向宫殿式建筑。但因夏朝未出现可靠的文字记载，所以对已经发现的遗址中，究竟哪些是属于夏朝，考古学界至今还没有统一的结论，比如河南登封的王城岗古城遗址、山西夏县古城遗址，至今尚未确定到底是夏朝遗址，还是原始社会末期遗址。

1960年，考古学家在河南偃师二里头，发现了一处规模宏大的宫殿遗址。根据现代科学方法的探测，这座遗址处于前1590—前1300年。这是目前

我国发现的最早的宫殿建筑遗址。据文献记载推测，这座宫殿横向有八间，纵向有三间，是用木骨泥墙的方式建造的木构宫殿建筑。遗址中，大大小小的宫殿多达数十座，其中规模最大的一处宫殿位于二里头遗址中部。其残存的台基近似方型，由黄土筑成，比周围的平地高出约80厘米。台基东西长108米，南北宽100米，四周有一圈回形走廊。走廊南面正中处有一个很大的缺口，很可能是这座宫殿的入口。台基北面的正中间有一块长方形台面，是殿堂的基座，基座上有一圈底部垫有卵石为柱础的柱洞。为了将宫殿内外隔绝开，宫殿大门外东西两侧建了一圈廊庑一带房间的走廊。廊庑的修建突出了殿堂的主体地位，同时也加强了殿堂、庭院和门的联系，使整座建筑层次分明，颇为壮观。这座宫殿反映了我国早期封闭庭院的样貌。在二里头遗址的另一座殿堂遗址中，廊院的建筑更为规整，在夏朝末期，我国传统的由众多院落组合的建筑群样式逐步确定下来。

商朝建立于公元前16世纪，是我国奴隶社会的大发展时期。目前已经发现的商朝遗址中，出土了大量商朝青铜器、兵器、生活工具，还有刀、斧、铲、钻等生产工具，这说明商朝的青铜工艺已经非常纯熟，手工业已经有了明确的分工。再加上商朝时大量奴隶劳动力的集中劳作，商朝的建筑水平明显提高。1983年，我国考古学家在河南偃师的尸沟乡发现了一座商朝遗址。这座遗址位于二里头遗址以东六公里处，考古学家认为这里是商朝建立初期的都城——西亳，整个都城分为宫城、内城、外城三部分。宫城建于内城南北方向的中轴线上，外城则是在内城的基础上后来扩建的。目前宫城中的宫殿遗址都是庭院式的建筑，宫殿主体有90米长，是商朝早期建筑遗址中单个建筑实体规模最大的。

商朝建立之后曾多次迁都，第二十代君主盘庚迁至殷地，在殷定都270多年，因此商朝又称“殷”或“殷商”。经考古学家研究，位于河南安阳西北郊小屯村的殷墟遗址就是商后期都城殷的遗址。遗址中发现了大量记载商朝

◀商朝的兽面纹提梁卣。
卣是一种器皿，属于中国古代酒器。具体出现时间未知，盛行使用时期为商代和西周时期。当时用来装酒用。所以外观上大部分是圆形、椭圆形，底部有脚，周围雕刻着精美的工艺图案。

史实的甲骨卜辞，这是中国历史上第一个有文献可考，并为考古学和甲骨文所证实的都城遗址，距今约3300多年的历史。这座都城不仅是商王朝的政治、军事、文化中心，也是当时的经济中心。

殷墟遗址总体布局严整，以小屯村殷墟宫殿宇庙遗址为中心，沿洹河（今安阳河）两岸呈环形分布，中部紧靠洹河，曲折处为宫殿（遗址的正中心）。遗址主体分为北区、中区、南区三部分。北区没有殉葬区，可能是王室居住的地方。中区可能是商朝朝廷和宗庙的所在地。其基址是一座庭院，沿轴线设有三道门，轴线尽头是一座中心建筑，往下有殉葬区，门口有6个手持武器的侍卫以跪姿陪葬。南区主要是王室祭祀的地方，人畜殉葬区对称地分布于轴线两侧。宫室周围分布了些长方形或圆形的地下室，那是给奴隶住的。中南二区基址下的奴隶殉葬区，应该是举行祭祀等

▶三星堆出土的青铜面具。

青铜面具，是一种古代假面。主要分为殷商青铜面具和三星堆面具。三星堆遗址延续了近2000年，即从新石器时代晚期延续至商末周初。这些青铜面具，几乎全是粗眉毛、大眼睛、高鼻梁、阔扁嘴，没有下颏，表情似笑非笑，似怒非怒。

大型活动中被杀后埋葬的，殉葬人数最多的一座葬区有31人。奴隶是奴隶主的个人财产，可以任意被处置，甚至随时可能被杀殉葬，这充分体现了奴隶制度的残酷性。

第三节　周朝建筑——台榭林立

周朝建立后，根据宗法制分封同姓诸侯。各诸侯国在自己的封地上建造城池，因此周朝的城市建设发展迅速。周朝的城市都是以政治和军事为目的建造的。周朝初期，受宗法制的限制，奴隶主内部等级森严，在城市建设上也得到体现。诸侯封地内，最大的城市不能超过王都的三分之一，中等城市不能超过五分之一，小的城市不能超过九分之一。不仅城市规模，连城墙修多高、道路修多宽，以及一些重要建筑物的修建都要严格遵循等级制度，否则就是“僭越”。到了周朝末期，王室衰弱，诸侯强大，各诸侯已经不再遵循这种等级森严的建城法制，出现了很多新兴城市。

周朝以周平王东迁为界分为西周和东周两个时期，东周又以韩、赵、魏三家分晋为界分为春秋和战国两个阶段。陕西省岐山县凤雏村发掘出了早期西周建筑遗址，极具代表性。这是一组四合院式建筑，规模不大，却是我国已知最早、最规整的四合院建筑。根据遗址中出土的甲骨文推测，这是一座宗庙遗址。这座四合院建筑的主体为两座院落，前后院用长廊连接，长廊建在两个院子的中轴线上。院落四周围有一圈廊庑，房屋下铺设着排水的陶管和暗沟。值得一提的是，遗址中的屋顶已经使用了瓦。瓦一般是由泥土烧制而成，有拱形的、半个圆筒形的、平的，主要是用来铺设屋顶的。凤雏村遗址属于周朝早期遗址，瓦基本上用在屋脊和屋檐处，其余部分比较少。周朝中晚期的遗址中，使用瓦的数量就越来越多了，出现了全部用瓦铺成的屋顶，瓦的质量也有所改进。

到了春秋时期，瓦在建筑中的使用已经相当普遍，山西、湖北、河南、陕西等地发掘的春秋时期遗址中，发现了大量各式各样的瓦，还有专门放于屋檐前端的瓦当和半瓦当。陕西凤翔的秦雍城遗址里还出土了规格统一的实心砖和结实带花纹的空心砖，这说明在春秋时期，我国已经开始在建筑中用砖了。

春秋时期在建筑上的一个重要发展，是出现了高台建筑——台榭。台榭主要用于建造各诸侯王的宫室，一般先在城内筑起数座高台，在高度达到十多米以后，在上面建造殿堂和居室。山西侯马晋故都遗址中发现了一座高7

米的夯土台，面积约5600平方米。夯土是古代的一种建筑材料，是经过加固处理后，密度比自然土大、又很少有空隙的压制混合泥块。这样的高台最开始是出于政治、军事需要而建，后来也有单纯为享乐而建造的。

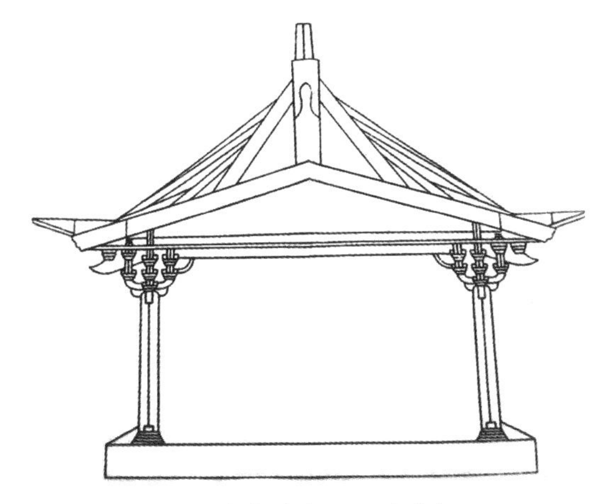

▲亭榭斗尖用瓯瓦举折。

战国时期，封建生产关系日益成熟，封建制度取代了奴隶制度。之前专门为奴隶主服务的手工业得以自由发展，从而促进了商业的发展、城市的繁荣。春秋之前，城市的建设多是为政治服务，且规模不大；到战国时经济文化发达，城市规模不断扩大，城市建设迎来了一个新的高潮。很多诸侯国的都城，如齐国的临淄、赵国的邯郸、魏国的大梁都发展成了大型的工商业城市。战国时期，齐国故都临淄的城市遗址，城内街道纵横，铁器作坊和制骨作坊散布各处，就连宫殿周围都有多处作坊。另外，齐国宫殿的遗址处仍留有一个高达14米的高台。

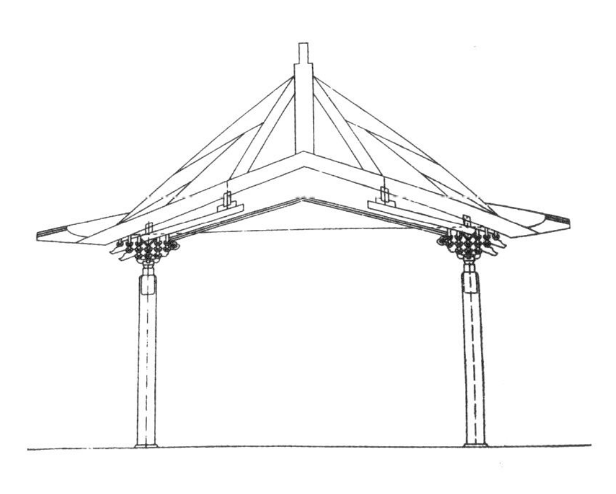

▲亭榭斗尖用瓴瓦举折。

近年，秦国都城咸阳的一座宫殿高台建筑遗址被发掘出来。这座高台呈长方形，高6米，面积约2700平方米。台上殿堂、居室、回廊、浴室、仓库、地窖高高低低，形成了一组错落有致的建筑群，十分壮观。在这座建筑中，寝室内有火炕，居室和浴室里有壁炉，地窖可冷藏食物，还设有排水系统，设施齐全，显示了战国时较高的建筑水平。可见，当时关于“高台榭，美宫室”的记录确实不假。

第二章 秦朝建筑风格趋于统一

秦朝是我国第一个统一的封建王朝，建筑风格以大气和宏伟著称。秦始皇统一全国后，为了抵御匈奴侵扰，下令修筑万里长城，虽然这项工程造成人员死伤无数，但在建筑史上留下了光辉的一页。同时，他还在咸阳修建了很多宏伟的宫殿和陵墓，阿房宫和秦始皇陵的遗址至今尚存。

第一节　秦长城——抵御外敌入侵

长城是我国古代为抵御边境游牧民族侵袭而修筑的军事工程，始建于春秋战国时期，距今已有2000多年的历史。内蒙古、黑龙江、吉林、辽宁、河北、北京、天津、河南、山东、山西、陕西、新疆、甘肃、宁夏、湖北、湖南等地区都有古长城遗迹。

春秋战国时期，内忧外患。一方面诸侯混战，大国吞并小国；一方面边境的游牧民族对中原地区虎视眈眈，各国诸侯为了能在敌人入侵时及时知晓战事，修筑了大量的烽火台，又在烽火台之间修建城墙将其连接起来，这就是最早的长城。当时，有20多个诸侯国修筑过长城。

战国时期，黄河长江中下游地区开始由奴隶社会向封建社会转变，中原地区的文化与南北边境的秦、楚、吴、越文化进一步交流融合，统一的趋势日渐强烈。秦国通过变法，富国强兵，最终消灭其他六国，于公元前221年建立了中国历史上第一个统一的王朝——秦。秦王嬴政便成为第一位皇帝，史称秦始皇。

秦统一六国后，北部边境仍受匈奴侵扰。公元前215年，秦始皇派大将蒙恬北伐匈奴，将匈奴驱逐到百里之外的大漠，并征用全国近百万的劳动力，在北方大规模修筑长城。秦始皇把战国时赵、秦、燕等国的原有长城连接起来，同时又增筑扩充了许多地方，形成了长达3000千米的万里长城。

秦长城西起甘肃省岷县，延洮河向北至临洮县，再经定西县南部向东北延伸至宁夏固原县。从固原开始，向东北方向经甘肃省环县，陕西省靖边、横山、榆林、神木，又折向北至内蒙古境内的托克托南，由此抵达黄河南岸。黄河以北的长城则始于阴山西段的狼山，朝东直插大青山北麓，继续朝东延伸经过内蒙古集宁、兴和到河北尚义县。从尚义开始，又向东北延伸，经河北省张北、围场等县，再向东经抚顺、本溪朝东南向至吉林通化，在朝鲜平壤西北部的清川江入海处终止。

目前在内蒙古包头市的固阳县境内，还有一段较为完整的秦长城。这段秦长城长度约为120千米，横穿固阳县的三个乡镇，其中保存较为完好的一段位于九分子乡，长约12千米，城墙外侧高5米，内侧高2米，顶宽2.8米，底宽3.1米，墙体大多是以黑褐色的厚石块交错叠压垒砌而成。

石筑是秦长城的建造特色，一般石砌的长城遗迹比较完整。秦朝时期，人们的施工条件有限，没有任何机械，所有的劳动只能依靠人力，而且施工环境大多是在山上，山势险峻，因此，人们便就地取材，用石头垒墙。现在仍能看出，长城上的石块是当时的民工取自附近的山石，然后打磨加工而成的。这样垒砌起来的长城，不仅雄伟壮观，而且历经千年而不倒。经过2000多年的风雨侵蚀，原来青色、土黄色的石块，表面已被一层黑色、黑褐色的氧化物覆盖，但长城仍然屹立不倒。这种构筑方法到了汉代仍在使用。

除了构筑方法上的特别之处，秦长城在防御方面也有一定的特色。它在修筑时注重利用山体自然的险要之处，随着山势的起伏修建，多半修筑在山峦的阴面半坡上。如今，站在高处，依然清晰可见这段秦长城依据山势的起伏上上下下宛如一条游龙盘亘在山岭之间。在城墙内侧，每1000米便会设一座烽火台，烽火台在长城的垂直方向上，多设在视野开阔的山顶，以便观察和发现敌情。固阳的这段长城共有4座烽火台，由石块垒砌而成，现在还能辨清古代烽火和障城的遗迹，是著名的烽燧遗址。距离烽火台不远处，高地上建有驻兵的哨所。据史料记载，这些哨所的房顶是用木料、泥土毡修的，如今房顶早已不在，但仍能看到房子坍塌后留下的石墙底部的遗迹。这些

遗迹，会让人自然地想到史书上记载的长城关隘的建制。除了烽火台和哨所，在重要的山口和关隘处，还会设立城障，城障是一种附属于长城的军事城堡。

在固阳县红石板沟段处的秦长城有一处缺口，相传这里便是孟姜女哭倒长城的地方。传说中秦始皇为修建长城，在全国征用民夫、壮丁。孟姜女的丈夫万杞梁被抓去修建长城，之后便杳无音信，孟姜女千里寻夫，却得知丈夫去世的消息，十分悲痛，便在长城下哭泣，最后竟将长城哭倒。关于这个传说，有的人依据《左传·襄公二十三年》中记载的"杞梁妻哭夫"的史实，认为孟姜

▼公元前221年秦统一六国后，为了防御匈奴，秦王政三十二年（公元前215年）在北方大规模修筑长城。现在，秦长城是我们中华民族的瑰宝，也是世界建筑史上的奇迹，永远留在华夏文明的史册里。

女哭倒的是齐国的长城，而且其夫杞梁是战死，并不是修长城而死。《左传》中的记录比秦长城的修建早了300年，跟孟姜女哭长城的时间不符。不过，在《孟子·告子下》中，有一段出自淳于髡之口的“杞梁之妻善哭其夫而变国俗”的记录。由此推测，孟姜女哭长城的传说是后人对“哭夫”的史实改编。

唐代《雕玉集》中的《感应篇》关于杞梁妻哭倒长城的故事有一段比较完整的记录。新婚之夜，秦兵抓走杞梁充当修长城的民夫。杞梁因繁重的劳动累死，葬于长城下。他的妻子孟仲姿久不见丈夫归来，便做好冬衣到筑长城处探望，这才知道丈夫早已去世，葬在了长城下。她悲痛不已，对着长城大哭，突然间，城墙崩塌，露出尸骨。孟仲姿刺破手指，让血滴在白骨上，如果确是杞梁的尸骨，就让血渗入。然而血真的渗入了尸骨。后来，仲姿重新安葬了自己的丈夫。

当然，关于这个传说的真实性，还有待考证。但这个故事至少说明了一点：这雄伟的万里长城，是用数十万劳工的苦难和牺牲筑成的。修筑长城御敌的办法在秦始皇之前就被很多诸侯国采用，并不是什么创举，但是将其发挥到极致的却是秦始皇，对后世影响深远。秦朝以后，几乎各朝各代都修过长城。

第二节　阿房宫——断壁残垣见兴衰

阿房宫始建于公元前212年，是秦始皇统一天下后新建的朝宫，意在将这里建成秦朝的政治中心。

据《史记·秦始皇本纪》记载，秦国在统一六国的过程中，每灭掉一个诸侯国，都会在咸阳北面的山坡上仿造该国的宫殿。另外，秦始皇下令迁徙12万户富豪人家到咸阳居住，并大兴土木，建宫筑殿，还将南边濒临渭水，从雍门往东直到泾、渭二水交会处的宫殿，用天桥和环行长廊互相连接起来。后来，秦始皇觉得咸阳人口多，先王的宫室窄小，听说周文王建都在丰，武王建都在镐，丰、镐两城之间的区域才是集

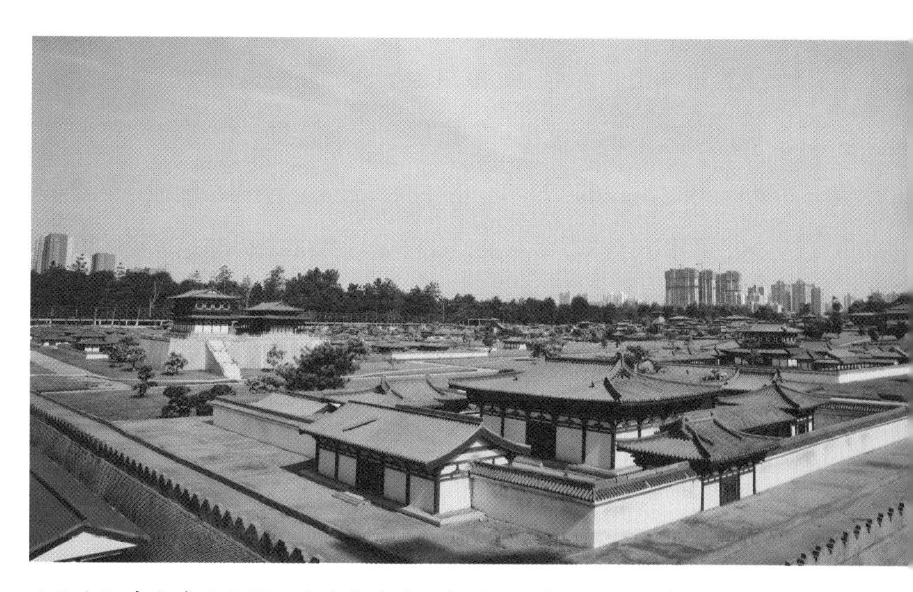

▲西安阿房宫遗址公园。阿房宫是秦王朝的巨大宫殿，也是我国历史上最著名的宫殿建筑群，规模宏大，雄伟壮观。

合帝王之气的所在，于是在秦始皇三十五年（公元前212年），秦始皇下令在丰、镐之间，渭河以南的皇家园林上林苑中，建造一座新朝宫。这座朝宫便是后来被称为“天下第一宫”的著名宫殿——阿房宫。

这座宫殿修建之初，没有名字，秦始皇本打算等整座宫殿竣工之后，再正式为其命名。但是这座宫殿工程实在是太庞大了，尽管十几万苦役每天不分昼夜地辛苦营建，一直到秦朝灭亡，仍然没有修完。后来，因最开始在阿房修建前殿，所以人们就暂时称它为“阿房宫”。“阿房宫”这个名称也就流传下来了。

阿房宫是秦朝所建宫殿中规模最大的。经历了2000多年的岁月洗礼，这座辉煌的宫殿，早已没有了当初的雄伟壮观，只剩下些遗迹供后人参详。现今的阿房宫遗址位于西安市未央区三桥镇南的阿房村一带，总面积约11平方千米，主要有前殿遗址、上天台遗址、磁石门遗址等几个部分。

前殿是阿房宫的主体宫殿。《史记·秦始皇本纪》中记载的前殿“东西五百步，南北五十丈，上可以坐万人，下可以建五丈旗。周驰为阁道，自殿下直抵南山。表南山之巅以为阙，为复道，自阿房渡渭，属之咸阳，以象天极阁道绝汉抵营室也。”按照秦代的计量，一步合六尺，三百步为一里，秦时一尺合现在的0.23米。这样换算过来，阿房宫前殿东西宽690米，南北深115米，面积可达8万平方米，几乎是现代90个标准足球场的面积。这样的面积容纳万人自然不成问题。但是，现在我们能看到的前殿只剩一座巨大的长方形夯土台基。经探测，台基实际长1320米，宽420米，最高的地方在7—9米，是目前世界上已知的最大的夯土建筑台基。台基北高南低，呈缓坡状。南面坡下探出一个广场，现存长770米，宽50米，面积约4万平方米。广场南边有4条向南延伸的道路，北边高出地面，有三层台阶。

前殿台基遗址上东、西、北三面都筑有土墙。三面墙相连，形成了一道平面呈“冂”形的围墙，这就是历史上有名的“阿城”。据推测，原本要在

阿房宫前殿的夯土台周围筑成一个四方形的城池，既符合传统习惯上的“宫自为城”，也可以满足安全和管理方面的要求。但之所以在施工过程中，只筑起三面城墙，把南面空出，很可能是前殿工程施工时，便于运输材料、施工人员出入的考量。按照设计者的本意，前殿及其附属建筑完工后，南墙还是会被修建上，然后与阿房宫的宫门相连。据《旧唐书·高祖本纪》载，隋大业十三年（617年）九月，李渊率军入关，曾“命太宗自渭汭屯兵阿城”，由此可见，阿城一直到唐朝还是存在的。如今，由于人们的挖掘，台基东、西两边已经成了断崖，仅北边还残存着高出台面两米多的土梁。

阿房宫设有磁石门，虽然对其准确位置，历史典籍历来说法不一，但文物部门依据现代考古发现推测，阿房宫殿遗址北面有夯土层处，可能就是秦磁石门遗址，并在此设下了磁石门遗址的保护标志。磁石门运用“磁石召铁”的原理，修建时以磁石为门。磁石隔着衣物也能吸引铁镍钴等金属，使身怀利刃者不能通过，可以起到安全检查的作用，从而保护皇帝的人身安全。另外，磁石门还可以起到震慑四方的作用。当“四方朝者”看到磁石门的神奇之处，可令其惊恐却步，不敢存有异心。因此，磁石门也叫“却胡门”。

上天台是当年秦始皇祭天的地方。古代先民认为，和平安定，风调雨顺都是上天的恩赐。皇帝为了使国家昌盛，四海升平，会在特定的日子带领朝臣登坛祭天。上天台位于阿房宫村南，台底东西长42.5米，宽20米，台高约15米，台顶平面长11.5米，宽4.5米，台上西北角有一条坡道，向西伸出直通台下。坡道上窄下宽，长大约30米。台基为夯土建成，西、南方向延伸出20米，东向延伸出约100米，北向一直延伸至阿房宫村附近，约有300米。台下北边仍残留一段白灰墙遗迹，仅30多厘米高。台下四周地面还凌乱地散布着一些战国晚期至秦的绳纹瓦片、印有几何图案的空心砖块、红陶釜片，还有很多有烧红痕迹的土块。

关于阿房宫的毁灭，我们所熟知的历史是，阿房宫被楚霸王项羽一把火烧为灰烬。这一历史的主要文献依据是司马迁的《史记·项羽本纪》和唐代诗人杜牧写的《阿房宫赋》。但是，考古学家在对阿房宫遗址的挖掘中，并未发现焚烧的痕迹，所谓“项羽火烧阿房宫”乃是历史误传。其实，《史记·项羽本纪》中记载的只是“烧秦宫室，火三月不灭”，并没有明确地说明火烧的就是阿房宫。让后人对项羽火烧阿房宫更为深信不疑的是杜牧的《阿房宫赋》。但杜牧写这篇文章意在讽刺当时统治者唐敬宗大兴土木，为了达到反讽的效果，在极度夸大了阿房宫的雄伟壮观之后，又说被烧成了焦土。后世臣子，也都是借秦之喻，讽谏当朝帝王。

其实，阿房宫并未完全建成。相关资料显示，秦王政三十五年（公元前212年），秦始皇征用70万苦力修建阿房宫，但工程未修筑完，秦始皇就去世了。秦二世即位后，调集修建阿房宫的工匠去修建秦始皇陵，后来为了完成先皇遗愿，又继续修建阿房宫。当时，各地的农民起义已经风起云涌，秦王朝很快就垮台了。阿房宫最终还是没有建成。

阿房宫地势较高，汉代至唐代曾多次在此处屯兵。宋代以后，中国古代政治、经济、文化中心东移，阿房宫也渐渐被人们淡忘。直到1994年，经联合国教科文组织实地考察，阿房宫遗址建筑被确认为世界奇迹和著名遗址之一，被誉为“天下第一宫”。我国于1995年在考古遗址的基础上动工修建阿房宫景区，根据相关史料重新营建了大宫门、前殿、兰池宫、六国宫室、长廊、卧桥、磁石门、上天台、祭地坛等12处景观，再现了阿房宫昔日的辉煌。只是后来出于保护遗址的考虑，该“阿房宫”景区在2013年被拆除，并再次重建，计划建成阿房宫国家考古遗址公园。

第三节　秦始皇陵——“世界第八大奇迹”

秦始皇陵位于今陕西省境内的骊山北麓，是中国历史上第一个皇帝秦始皇嬴政（前259—前210年）的陵墓。陵墓建于公元前246年至公元前208年，由当时的丞相李斯主持规划设计，本着秦始皇死后同样享受帝王的功业和荣华的原则，仿照秦国都城咸阳的布局修建。工程耗时长达38年，规模浩大，气势宏伟，开封建统治者奢侈厚葬的先河，是中国历史上著名的皇帝陵园之一。

秦始皇陵的总体建筑布局分为内外城两部分，内外城中包含封土、地宫、陪葬墓、陪葬坑等建筑物，整个陵园以陵冢为核心向四周扩散。陵区内探明的大型地面建筑为寝殿、便殿、园寺史舍等遗址。

陵园的内外城又分内、中、外三个部分。内层包含地宫（用来安放秦始皇遗体），以及死后他起居休息的殿堂和储备日常用具的库房；中层主要安放的是供帝王在地下赏玩游乐的场所；外层分布的则是著名的兵马俑坑，还有模仿宫廷马厩苑而建的数百座小型马厩坑，在外城西侧还有石料加工场、砖瓦窑场及修陵人墓地等。

秦始皇陵地宫中心是玄宫，玄宫其实就是地下宫殿，安放的是秦始皇的棺椁，为陵墓建筑的核心。据《史记·秦始皇本纪》记载，秦始皇陵挖到了有泉水的地方，然后镕铜浇铸。墓室中修建了宫殿楼阁，其中遍布奇珍异宝，安排了百官觐见的位次。墓室穹顶上用宝石明珠装饰，象征着天上星辰；下面按照山川河流的地形，灌注了水银，喻指奔流不息的江河大海，墓室内点燃着用鱼油制成的照明灯，可以长明不息。

秦始皇陵地宫内部设置了相当严密的防盗系统。相传地宫周边填了一层很厚的细沙，形成沙海，使盗墓者无法挖洞进入墓室，这是秦陵地宫的第一道防线。虽然沙海只是传说，但是里面有暗箭机关则是明确记载的。据司马迁在《史记》中记载，秦始皇陵中设有暗弩，盗贼一旦进入就会触动机关，被强弩射死。除了暗弩，陵内还设有陷阱，盗贼即便躲过暗弩，也会掉入陷阱。另外，秦陵地宫中灌注了大量水银，水银蒸发后产生有毒气体，也会把盗墓者毒死。

▲西安秦始皇兵马俑博物馆的弓箭手俑。

▶西安兵马俑坑。

陵墓周围布置了巨型兵马俑阵。兵马俑坑内的陶俑士兵都是按照真人比例铸造，仿制的是秦宿卫军。陶俑大概有几万个，有步兵、骑兵、车兵等几个兵种，他们有的手拿弓箭；有的策马前行；有的手持刀戟，像是随时做好了战斗准备。几万个陶俑排列在坑内，十分壮观。还有一个独特的地方就是他们都是面向东方放置。陵墓内的设置，无不体现了这位始皇帝至高无上的权力和威严。

兵马俑坑位于地宫东侧，属于秦始皇陵的陪葬坑，1974年被当地挖井的农民发现。由此埋葬在地下2000多年的宝藏得以面世，被誉为“世界第八大奇迹”。兵马俑坑现已发掘3座，俑坑坐西向东，坑内有陶俑、陶马和青铜兵器等陪葬品，还有几万件青铜兵器。另外，陵墓四周有陪葬坑和墓葬400多个，除了兵马俑坑，还有铜车马坑、珍禽异兽坑、马厩坑等，历年来不断有重要历史文物出土，至今已达5万多件。在这些文物中，有一组彩绘铜车马，由高车和安车组成。它体形巨大、造型逼真、装饰华丽、结构完整，被誉为“青铜之冠”。

◀彩绘铜车马。秦陵铜车马虽是陪葬的冥器，但秦代工匠运用高超的制作技艺，忠实模拟秦代真实车马制造，逼真地再现了秦始皇御用马车的原貌。

地宫的正上方露出地面的部分为封土，封土就是在地面上覆盖着墓室的土丘。这种墓葬形制叫“冢墓制”，是在春秋战国之际新出现的。用封土覆盖陵墓，是墓葬形制的主要特征。秦始皇陵的封土是用土筑造而成，外观覆斗形，底部近似方型，使整个封土大体上呈四方锥形。顶部略平，中部有两个缓坡状台阶，形成了三级阶梯。封土高115米，但是历经两千多年的风雨侵袭后，现还剩87米，如今它的上面已被树木植被所覆盖，远远望去高耸有如山丘，形成了一种独特风貌。为了修建封土，秦始皇下令从湖北、四川等地运来建筑材料。为了不让河流冲刷侵蚀陵墓，他还下令改变流经此处的河流的流向。

在秦始皇陵区还发现很多的陪葬墓，将近百座。考古工作者曾对一座陪葬墓进行了发掘，共发现7具人骨架，其中女性2人、男性5人，除其中一女性为20岁左右外，其余6人均在30岁左右。墓主大多身首异处，死于非命。根据专家推测这些陪葬墓群的墓主很可能是秦始皇的公子、公主以及内室和后宫的陪葬者。这些墓葬都有棺椁，而且还有一定数量的陪葬物，但这些也不能掩盖他们悲惨的命运。

第三章 两汉时期古代建筑的第一个高峰

两汉时期的建筑，在规模上更加宏伟。这一时期修建的宫殿多为宫殿群的形式，未央宫和长乐宫都是周围长达10千米左右的建筑群。同时两汉时期的礼制思想也深深影响着宫殿和祭祀建筑。在儒家思想的影响下，陵墓的规模更加宏大，汉武帝的茂陵和汉宣帝的杜陵就是典型的实例。在丧葬形式上，木椁墓不断减少，而空心砖墓、砖圈墓不断增多，可以看出当时砖石结构技术正处于迅速发展的阶段。在工程技术方面，东汉建筑平面和外观日趋复杂，高台建筑日益减少，楼阁建筑逐步增加，使得中国建筑发展到一个更大的领域。

第一节　长乐宫——宫殿建筑之精华

长乐宫是西汉初年的皇宫，在秦朝时此宫称为兴乐宫。汉高祖称帝后，对此加以扩建，取意“长久快乐”，正式改名为“长乐宫”。汉高祖刘邦建都长安后，就住在这里，接见群臣商议政事。长乐宫是当时的政治活动中心。之后，刘邦建造了未央宫，汉惠帝后，皇帝都移居到了未央宫，长乐宫便成为专供皇太后居住的地方。长乐宫位于长安城的东南角，未央宫位于长安城的西南角，因此长乐宫也称东宫或东朝。在吕太后专权时，长乐宫再次成为左右朝政的政治中心。

长乐宫遗址位于陕西省西安市的西北角。长乐宫建筑面积约6000平方米，占汉长安城的六分之一。据考古学家对长乐宫遗址的发掘，发现长乐宫平面为不规则的长方形。这是一个有14座宫殿的建筑群，比较有代表性的宫殿是前殿、临华宫、长信宫、宣德宫、温室等。

临华宫遗址是在2003年考古发掘中被发现的，总面积有2000平方米，房间为半地下室，地面铺有鹅卵石，上面又用砂浆抹平；墙壁涂有白灰，并绘有色彩绚烂的壁画。房子之间的通道和阶梯上铺的砖都有精致漂亮的印花图案，显示出汉代太后们奇特的审美取向。随后，在临华宫附近发掘出一处围墙特别厚的宫殿遗址，这座宫殿的设置很符合保温储存的需要。厚厚的墙壁可以保证室内温度不受外界影响，放入冰块就可以用来储藏食物，降温避暑。考古专家们据此推测这里就是用来储藏冰的“凌室”，其功能类似于我们现在使用的冰箱、空调。

近年来，考古学家对长乐宫遗址再一次进行了发掘，又发现了一座规模宏大的建筑遗址，这座建筑遗址位于长乐宫的西北部，今西安市罗家寨村北。它的中心是一个巨大的夯土台基，据测量东西长约160米，现存南北宽约50米。这座建筑遗址是迄今为止在长乐宫内发现的规模最大的一座。

台基的南部已被当地居民占据。台基以北的东半部分，紧贴台基北边沿发现了一条半地下通道，通道是东西向的，地面全部被砖覆盖，有一处斜坡通道铺的是印有精致花纹的砖。在这样一个庄重森严的宫室内，居然有地下通道，不禁让后世人有各种猜测，只是迄今为止，仍无法证实这些地下通道的用处。在遗址西部有一组半地下房子，地下部分约在半米至一米，留有柱础石，似乎是大殿之内藏有小居室，看上去非常神秘。遗址东部有一组庭院，由夯土围成，庭院靠西北角有一眼水井，深8米，历经2000多年至今保存基本完好。

台基北面还发现了两座沉淀池，分别位于西部的两个庭院中，由数段圆形或五角形排水陶制管道相通。在一米多深的地下，两组排水管道在一条长达57米的排水渠处汇聚。据考古专家推测，这是一组完整的排水设施，雨水从房顶下来先汇入庭院内的沉淀池中，通过压在半地下通道下面的双排水管流出的是杂物沉淀后的清水。平时只需定时清理沉淀池，就可以保证排水管道不被堵塞了。汉代以前的遗址中还没有发现过这样完善的排水系统。

这座建筑遗址与临华宫遗址同在南北一线上，有夯土直接连接，遗址东边不远处就是凌室，与凌室遗址对称的地方也曾发现有建筑遗址。有如此密集的建筑，且这些建筑各有其功能，组成一个完整的建筑体系，这些都说明这座建筑遗址在当时是一座极其重要的宫殿。通过考古勘探和发掘，罗家寨附近建筑遗址数量和规模最大，在地理位置上，这座建筑遗址应是长乐宫的中心宫殿区。长乐宫是西汉时期皇太后居住生活的地方，虽不再是皇帝处理政事的正宫，但后来吕太后专政，外戚专权，这里仍是朝廷的政治中心，具

有十分重要的地位。而这座规模宏大的建筑遗址极有可能是长乐宫最主要的建筑——前殿，也就是皇太后处理政事、接受朝拜、举行大型典礼的地方。

在这座遗址中还出土了许多西汉建筑构件，有大板瓦、筒瓦、青砖、方砖，还有带“长乐未央”“长生无极”文字的瓦当，等等。有的砖瓦背面还留有制作时监造官署的印记，据推测是为了方便监督考查制作质量，这说明当时是非常重视工程质量的。

第二节　未央宫——文化线路之缘起

汉未央宫遗址位于今西安市未央区未央宫乡，汉高祖称帝后开始修建，两年后未央宫基本建成，因其在长乐宫的西面，所以又称西宫。“未央”的意思就是没有灾难、没有殃祸、没有祸患。张骞开辟丝绸之路就是从这里出发的；王昭君也是从这里出塞和亲，嫁给匈奴单于的。未央宫在西汉以后是新莽、西晋、北周等七个朝代的理政之地，唐代也被划归为禁苑的一部分，使用时间达360多年。

据资料记载，未央宫的总体建筑格局呈长方形，四面用墙围起来。每面墙均长2000多米，面积约5平方千米，约占当时长安城总面积的七分之一。宫城之内有三条主干路，其中两条呈东西向，与宫城平行，这两条东西路将未央宫分成南部、中部和北部。另外一条路位于宫城中部，呈南北向纵贯这两条主干路。未央宫内主要建筑有前殿、温室、金华殿、椒房殿、昭阳殿、石渠阁和天禄阁等，共40余座大殿。

前殿是未央宫最重要的建筑，位于未央宫的正中间，四周环绕着其他建

▲西汉时期杰出的外交家、探险家，丝绸之路开辟者张骞的墓葬。墓地呈长方形，门前有一对由座、杆、斗三部分组成的石造华表一对，用料考究，精雕细琢，八棱方斗，镂空镌花。墓地正面是阙式门楼，典型的汉代建筑风格——重檐飞角，格局大方。

筑，形成众星拱月的态势，现今遗址尚存。经测量夯土台基北部至今高达15米，依傍南北向的龙首山丘陵修建成前、中、后三座大殿。中间为正殿，皇帝登基、与群臣议政，皇家婚、丧等大型典礼均在此殿举行。前殿西南和东北部各有一建筑基址，据推测是守卫人员执勤、住宿，以及大臣出入歇息的地方。殿内西南部发现了一批木简，但已经被火烧过，木简上记录着病历和一些药方，很有可能是当时皇族的就诊记录。

前殿北面有一座宫殿基址，其主体建筑是一座东西长50米，南北宽30余米的南向夯土台基。它的北面有一座庭院，呈长方形，南面有两座夯土台，应该是正殿前的两座宫门，据推测是后宫椒房殿遗址。椒房殿是西汉皇后居住的正殿，因用花椒树的花朵制成的粉末和泥粉刷墙壁而得名。经

椒泥粉刷过的墙壁呈粉红色，散发芳香的气味，且能保护建造宫殿的木料不被虫蛀。另外，花椒树多籽，取名“椒房殿”，也有“多子”之意。西汉的椒房殿有两处，汉高祖的皇后吕后住的是长乐宫的椒房殿。汉惠帝之后的皇帝都移居未央宫，皇后都住的是未央宫的椒房殿，如惠帝的皇后张嫣，文帝的皇后窦漪房，武帝的皇后陈阿娇、卫子夫等。

石渠阁是西汉时期最早的国家存书库和档案库，位于前殿的西北方向。天禄阁是存放文史档案和重要典籍的地方，位于前殿的正北方向。

官署遗址在前殿西北处，是管理全国官员的地方，距未央宫西宫墙仅有100多米。官署四周围有夯土墙，除东墙外，其余的墙均有廊。墙外均建有斜坡，以利于排水。院内中部有一南北向的排水渠，将其分为东、西并列的两座院子。东院和西院内均有天井、地漏和回廊等遗迹。东院有北门和西门，院内有两排共6座房屋，最大的屋子超过200平方米；西院有两排共7座房屋。前殿西北处，还发现了另一处官署遗址，高出地面1米多，发现有成排的柱础，内有封泥（即印有古代印章的干燥坚硬的泥团），据推测这处遗址是西汉皇室的少府或其所属的官署，管理着皇室钱财物品的收入、开支。

遗址中出土了上万件骨签，都是用兽骨制成，一般长几厘米、厚几毫米。这些骨签大多是记录物品名称、规格、编号的标签，背面平直，正面刻字的地方已被磨平成弧形。还有一些骨签上标识的是纪年、工官名称及工官令、丞、令史等各级官吏和工匠的名字。

除了骨签，遗址中还出土了一些瓦片，如文字瓦当。文字瓦当上印的多是“千秋无极”等吉祥语。在遗址中出土的砖有长方形、方形、扇形；生活用具有陶制的灯、碗、盘、盆等；还有一些车马器、兵器铁弩机，铁弩机上还刻有产地、编号等铭文。

第三节　建章宫——“千门万户”之宫苑

建章宫建于公元前104年，是汉武帝刘彻建造的宫殿，建成后便成了汉武帝朝会、理政的地方。新莽末年，这座庞大的宫殿建筑毁于战火之中。

建章宫建筑群的外围筑有城墙，宫城中分布着众多不同组合的殿堂建筑，规模宏大，号称有“千门万户”。据史料记载，建章宫里有许多殿阁、楼台，还在其中开池堆山，场面十分宏伟壮观。汉武帝甚至为了方便往来于未央宫之间，跨城修筑了飞阁辇道，可直通未央宫。建章宫的南面有宗庙、社稷坛等礼制建筑；西面是范围广阔的上林苑。上林苑本为秦始皇所建，汉武帝时予以修复。上林苑中有宫殿30多处，还在苑中建造了中国历史上第一大人工湖——昆明池，从西南引河水入城，经昆明池后向东流出城，流出城的水最后注入郑渠，和黄河相通。昆明池可作为城市供水和漕运用的水源，甚至可以在其中训练水军船只。这样的设计既方便水路运输，又可以供农业灌溉，是一举多得的蓄水、引水工程。

现在的建章宫遗址位于西安市的高堡子村和低堡子村一带，也就是汉长安城的上林苑中。遗址总长约7000米，今地面尚存的有前殿、双凤阙、神明台和太液池等遗址。

前殿遗址位于高堡子村，现在残留地面的仅剩高大的夯土台基，地面上还有巨大的柱础石。遗址中发现了西汉常见的建筑材料，如铺地方砖和印有“与天无极”“长乐未央”字样的瓦当等。另外，还有一块长方形的青灰色带字砖，砖上有“延年益寿，与天相待，日月同光”12个字，砖为长条形，由陶土制成，两侧边稍微倾斜，上有圆孔。

双凤阙遗址位于双凤村东南，是建章宫的东门，距离前殿有700米，因门

上装有两只十分高大的镏金铜凤凰而得名。西汉末年，双凤阙毁于战火，现在只能看到一座宫门形状的夯土台。

神明台又名承露台，是建章宫中最为壮观的建筑物。台高166米，台上立有巨型的铜铸仙人。仙人手托一个直径90米的大铜盘，盘内有一只巨大的玉杯，玉杯是用来承接天上洒下来的露水的，故名“承露盘”。汉武帝刘彻慕仙好道，认为露水是天赐的“琼浆玉液”，喝了可以延年益寿，得道成仙。在《三辅黄图》引《庙记》中记载：“神明台，武帝造，祭仙人处，上有承露盘，有铜仙人，舒掌捧铜盘玉杯，以承云表之露，以露和玉屑服之，以求仙道。”汉武帝非常迷信，他相信在高入九天的地方可以和神仙为邻，聆听神旨，因此在神明台上还设了九室，象征九天，里面住有百余道士、巫师，替他和神仙沟通。

神明台保存了300多年，到魏文帝曹丕在位时，承露盘还在。文帝定都洛阳，想把它也搬到洛阳去。可是，铜盘太大了，一动就断裂了，据说铜盘断裂声音巨大，传至数十里。后来，人们勉强将铜盘搬到灞河边，因实在太重再也无法向前挪动，最终遭到人们丢弃，不知去向。如今的神明台遗址位于六村堡乡孟家村东北角，历经2000多年的风吹雨打，现仅存一大块千疮百孔的土基。

太液池遗址位于高、低堡子村，在建章宫前殿西北部，象征北海。太液池占地10顷，有沟渠将昆明池水引来，是一个面积宽广的人工湖。北岸有人工雕刻的石鲸，长10米、高1.6米；西岸有3只石鳖，长2米，池中还有各种石雕的游龙、珍禽和异兽。据《三辅故事》载：“池北岸有石鱼，长二丈，广五尺，西岸有龟二枚，各长六尺。”池中置有鸣鹤舟、容与舟、清旷舟、采菱舟、越女舟等各种游船。为了求仙得道，汉武帝在池中建了一座高20余丈的渐台，并筑三座假山以象征蓬莱、方丈、瀛洲三神山。三神山的传说源自先秦记录神仙传说的古籍《山海经》，从汉武帝开始，将这一传说应用到宫廷苑囿的水面布局，形成了“一池三山”的模式。这种布局对后世影响深远，直到明清时期仍然不绝，如位于故宫、景山西侧的西苑（三海），建有琼华、水云榭、瀛台三岛；圆明园西边的清漪园中，昆明池里建有龙王庙，藻鉴堂、治镜阁三洲等。

第四节　汉武帝茂陵——“中国的金字塔”

汉武帝茂陵，位于西安市茂陵村。茂陵的封土为覆斗形，陵园呈方形。至今东、西、北三面仍有残存的土门，陵墓四周有李夫人、卫青、霍去病、霍光、平阳公主等人的墓葬。茂陵修建时间长达53年，是汉代帝王陵墓中规模最大、陪葬品最丰富的帝陵，被称为“中国的金字塔”。

公元前139年，汉武帝选址当时槐里县茂乡修建寿陵，故称“茂陵”。据史料记载，茂陵工程浩大，结构复杂，为了修建茂陵，汉武帝从各地征调建筑工匠、艺术大师3000余人，动用全国赋税总额的三分之一，作为建陵和征集随葬物品的费用。直至公元前87年，汉武帝去世才得以修建完成。

据现今考古发掘，茂陵陵园共有两圈城墙，在东南西北各有一条墓道，呈现“亞”字形，是古代墓葬形制中规格最高的一种。在汉武帝陵园内外发现了陪葬坑400座，陪葬坑还有大量的陪葬品，并专门设置了为汉武帝守陵的县城茂陵邑。茂陵邑面积大约有28万平方米，光是守陵的城池就有这样的规模，可见茂陵之宏伟。此外，还发现了修陵人的墓地，面积约4万平方米，估计埋有几万具尸骨，让人可悲可叹。

汉武帝的梓宫现存于茂陵博物馆，梓宫就是棺材，汉武帝的棺材是五棺

▲西安昆明湖遗址汉武帝像。

二椁。五层棺木，是放在墓室后面的棺床上，五棺所用木料是楸木、梓木和楠木，这三种木料，质地坚硬，都可防潮隔湿，防腐蚀。梓宫的四周，设有四道门，并设有便房和“黄肠题凑”的建筑。便房其实就是模仿活人居住和宴请的厅堂，放置墓主生前最为珍爱的物品的地方，为的是死后可以在阴间继续享用。“黄肠题凑”是指椁室四周用柏木枋堆成的一种墓室结构。“黄肠”是指黄心的柏木，“题凑”是指一种摆放样式，即木头的端头都指向内，若从内侧看，四壁都只见木头的端头。汉武帝死后，为他做的“黄肠题凑”，堆叠了一万多根同一尺寸的黄肠木，用了很多人力对表面进行打磨。

汉武帝死后，入葬梓宫内，口含蝉玉，身着金缕玉衣。玉衣也称“玉匣”，是汉代皇帝和高级贵族死后穿用的丧葬殓服，全部由玉片用金属丝线连缀而成，外观与人体形状相同。玉衣体现了穿戴者的身份等级，用金线连缀的是给皇帝及部分

◀错金银云纹铜犀尊。铜犀尊工艺精湛，造型逼真，金色、银色与铜胎底色相衬生辉，尤其是尊身整体以错金银云纹涂刻，精美华丽之余，又洋溢着充沛的活力，堪称中国汉代青铜器中的奇葩。

▶汉武帝茂陵出土的鎏金铜马。身长76厘米，高62厘米，四肢直立，头小颈长；马尾结成一束，根部翘起；胸肌发达；双耳挺立如竹批。整体造型修长俊逸，是汉代骏马的典范。

近臣用的，称为“金缕玉衣”，其他贵族只能用由银线、铜线连缀的，称为“银缕玉衣”“铜缕玉衣”。汉武帝身高体胖，他所穿戴的玉衣形体很大，每个玉片上都刻有蛟龙鸾凤鱼鳞的图案，世称“蛟龙玉匣”。

汉武帝在位时间长，且在位期间经济繁荣，达到鼎盛，他的随葬品非常多，连活的飞禽走兽都会陪葬，茂陵地宫内充满大量稀世珍宝。茂陵出土的文物有很多，其中比较有名的是鎏金马、鎏金银高擎竹节熏炉、错金银云纹铜犀尊和四神纹玉雕铺首。

第四章

魏晋南北朝建筑融新续旧

魏晋南北朝时期的建筑多运用汉代的技术，但由于佛教的传入，佛教建筑在这一时期开始快速发展。高层的佛塔和巨大的石窟寺都是典型的佛教建筑，在这一时期都有出现，并且这些建筑还融入了印度、中亚一带的雕刻和绘画技术，增加了观赏性。典型的建筑有大同的云冈石窟、洛阳的龙门石窟和嵩岳寺塔等。这些建筑改变了汉代比较质朴的建筑风格，变得更加注重建筑的艺术性。

第一节　佛教建筑风靡一时

魏晋南北朝时期，佛教盛行。佛教是在东汉时期传入中国的，到了魏晋南北朝时期，统治阶层意识到佛教对统治人民有很大的益处，于是开始大力推行佛教。佛教建筑便也应时而起，大量涌现。当时佛教建筑的主要形式有佛塔、佛寺和石窟。

佛塔也称为宝塔、浮屠，人们常说的“救人一命，胜造七级浮屠”，其中的“七级浮屠”就是指七层高的佛塔。佛塔的作用是供奉和安置舍利，并供佛教徒朝拜，在佛教中，佛塔是有神圣地位的。在佛塔传入中国之前，中国并没有塔式建筑。佛塔传入中国后，人们把佛塔缩小，变成塔刹，并与中国本土的木制阁楼相结合，创造出了木塔。当时最著名的木塔为永宁寺塔，这座塔高九层，为方形制式。南北朝时期的木塔虽然十分盛行，但是由于木塔不易保存，没有一座能保存下来，人们只能从壁画等资料中一探当时木塔的形象。

在木塔之外，人们还发展出石塔和砖塔。相比于木制佛塔，石塔和砖塔更易于保存。我国最古老的密檐式砖塔建于北魏时期——河南登封嵩岳寺塔，至今还留存着。

佛寺是佛教最基本的建筑，是供僧侣居住和进行宗教活动的场所。中国的佛教是由印度传入的，因此最开始佛寺的形式和布局与印度佛寺非常相似，佛寺的中央是佛塔，佛殿位于佛塔的后方。由于魏晋南北朝的统治阶层大力推行佛教，人们修建佛寺的热情也十分高涨，很多贵族官僚把自己的府邸贡献出来修建佛寺。北魏时期洛阳的很多佛寺就是由贵族的府邸改建而来。由于贵族府邸中多有私人园林，这些园林后来也成了佛寺的组成部分，人们也因此更喜欢游览佛寺。

在佛教建筑中，石窟是最古老的形式之一，在印度称为“石窟寺”。石窟寺是在山崖上开凿出来的洞窟型佛寺，是供僧侣居住修行的地方，其中包括僧侣聚会场地、居住地和修禅地。魏晋时期比较著名的石窟有山西大同云冈石窟、河南洛阳龙门石窟和山西太原的天龙山石窟。石窟中通常会修建各式各样的佛像，那些规模比较大的佛像，一般都是由皇室或贵族、官僚出资修建，并且窟外多用木建筑进行加固。石窟中通常会有很多雕刻和绘画，这也是历代都非常重视的艺术珍品。

石窟寺与普通的佛寺相比有诸多不同。普通佛寺多为木质建筑，而石窟寺则是以石窟洞为主，有些会附属少量的土木结构建筑。普通佛寺都是沿着纵深布置的，而石窟由于环境限制，总是依岩壁走势而建造。从建造时间和花费来看，石窟因为需要开山挖石，因此花费很大，所用的时间也比较长。

按功能布局来分的话，魏晋南北朝时的石窟建筑大致可以分为三种类型。第一种是塔院型，这也是初期的风格，与佛寺置佛塔于中央的格局一致。在大同云冈石窟中，这种类型的石窟寺较多。第二种是佛殿型，这种石窟与普通的佛殿类似，窟中主要建筑为佛像。第三种是僧院型，这类石窟的主要功用就是为僧侣修行提供场所。石窟中均设有佛像，周围布置仅容一个僧人打坐的小石窟。

除了佛教建筑盛行之外，魏晋南北朝时期的风景园林建设也开始兴盛起来。当时的贵族追求享乐，热衷于游园赏景，因此不惜花费大量金钱用于修建园林景观。不管是王公贵族，还是普通的官僚富商，都喜欢在自家建造私人园林。这也促进了当时园林建筑技术的发展，形成了一种用有限空间造园的手法。

第二节　云冈石窟——文化融合的经典

云冈石窟是中国古代规模最大的石窟群之一，位于现在的山西省大同市，兴建于北魏兴安年间。石窟东西长约1000米，依山势而凿建，现存的主要洞窟有45个。石窟内有5万余座石雕佛像，这些佛像的大小相差甚大，最大的有17米，而最小的只有几厘米。另外窟中还有252座窟龛，以及大量乐舞和百戏杂技雕刻，这些雕刻体现出了北魏时期的社会生活和佛教流行状态。

这些石窟按照开凿时间划分，可以分为早期、中期和晚期，每个时期的石窟都有各自的风格。早期石窟具有浑厚、纯朴的西域风情，石窟整体非常重视气势。中期的石窟开始转向精细，其内部装饰变得非常华丽。晚期的石窟愈趋精美，虽然窟室的规模小了很多，但是所雕刻的佛像非常精致。

不同时期的石窟在建筑结构上也有区别。早期的石窟平面多呈椭圆形，顶部似苍穹，在石窟的前壁开有门，门上还有通风的洞窗。石窟后壁的布局则略显局促，只在中间雕刻比较大的佛像，其他地方不再有后续处理。后期的石窟平面大多是方形，如果窟室的规模比较大，则在中间立一些支柱，或者把窟室分为前后两室。窟顶使用覆斗形或长方形、方形平棋天花。平棋天花有点类似于今天的天花板，是用木条拼成的方格天花，仰看就像一个棋盘，所以得名平棋天花。

由于篇幅所限，这里仅对云冈石窟的前十二窟的建筑构造及石雕造像进行简要介绍。

第一窟和第二窟是双窟，在石窟的最东面。第一窟的后壁主佛是弥勒佛，四壁还有其他佛像，但多数已经被风化，只有东壁后下方的浮雕保存较好，这些浮雕讲述的是佛本生的故事。在窟的中央，雕有两层方形塔柱。第二窟的中间有一方形塔柱，这个塔柱分三层，每一次的四周都雕刻出了三间楼阁式佛龛。

第三窟是云冈内最大的石窟，据传北魏名僧昙曜曾在这里翻译经书。这个石窟分前后两室，前室的两侧各有一座三层方塔，中间的上部是一个弥勒窟室。在后室雕有一尊佛像及两尊菩萨像，雕刻得非常精细，形象很生动。

第四窟的四周均雕刻有佛像，东西各三尊，南北各六尊，窟的中间是一个长方形立柱。在石窟南壁的门上方，留有北魏正光纪年的铭记，在云冈石窟所有现存的铭记中，这个是时期最晚的。

第五窟和第六窟也是双窟。第五窟在云冈石窟的中间，分为前室和后室。后室雕刻了17米高的三世佛，是云冈石窟内最大的佛像。窟的四壁雕刻有精美的佛龛、佛像。窟的前面是拱门，拱门的两侧刻有两尊佛的图案，他们对坐在菩提树下，十

◀相传第三窟是昙曜译经楼，窟内雕刻有三尊造像，本尊坐佛高约10米，两菩萨立像各高6.2米。从这三像的风格和雕刻手法看，可能是初唐（7世纪）时雕刻的。

▲云冈石窟昙曜五窟。

分安静祥和。两窟前有五间四层木结构楼阁。

第六窟是一个方形洞窟，洞窟中央有一个方形塔柱作为洞内的支撑。塔柱下面的东、南、西、北四个面分别雕刻不同姿态的佛像，有坐着的、有躺着的，栩栩如生。塔柱本身和窟东、南、西三壁，用33幅雕刻图画，描绘了释迦牟尼从诞生到成道的故事。第六窟的雕刻十分精美，技法娴熟，是云冈石窟中最有代表性的杰作。

第七窟分为前室和后室，后室的北壁刻有一尊菩萨，菩萨端坐在宝座上，神态安静祥和。其他三面窟壁则刻有各种佛龛造像，形象十分逼真。窟的穹顶是一幅生动的飞天浮雕，体态婀娜的飞天仙女们围着中央的莲花翩翩飞舞。另外，第七窟比较有特色的一点，就是窟前建有三层木结构的窟檐。

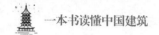

第八窟中有一尊在云冈石窟中很少见的雕像，是坐着孔雀在空中飞舞的五头六臂的鸠摩罗天。

第九窟分前室和后室，前室门拱处有两个柱子，都是八角形的。窟壁上除了刻有佛龛之外，还有很多形象生动的乐伎和舞伎。

第十窟分为前室和后室，前室的主要雕像为飞天，雕刻得精巧细致。

第十一窟的窟壁上刻有大量佛像，其中正面为一尊菩萨像，四周是很多小的佛像。在窟的中央，有一根方形塔柱，一直通到窟室的顶端。

第十二窟的主要雕刻形象为伎乐天人，他们手上拿着各式各样的乐器，多为中国古典乐器，是研究中国古典音乐的重要资料。

云冈石窟形象地记录了印度及中亚佛教艺术传入中国的一个发展历程，佛教在不断发展中和中国的民族文化相融合，形成了具有中国特色的佛教艺术。在云冈石窟中多种佛教艺术造像相融合，由此而形成了独特的“云冈模式”。

第三节　龙门石窟——创新发展石窟艺术

龙门石窟位于河南洛阳的龙门山，是“洛阳八大景”之首。自古以来，龙门就是兵家必争的险要关隘，再加上这里山清水秀，气候宜人，因此很多文人墨客争相来这里游览，并留下很多与龙门相关的诗词歌赋。同时，由于龙门山上的石头材质优良，非常容易雕刻，因此也是修建石窟的理想场所。

龙门石窟最早开凿于北魏孝文帝时期，之后经过西魏、北齐、隋、唐、

宋等多个朝代的修建，龙门石窟的规模不断扩大。现在的龙门石窟有10万余尊造像、2300余座窟龛、2800余块碑刻题记，形成了一个庞大的石窟群。龙门石窟中主要的石窟有潜溪寺、古阳洞、宾阳中洞、莲花洞、奉先寺等，这些石窟里雕有大量佛像，其中最大的卢舍那大佛，有十几米高，莲花洞中的佛像最小，只有几厘米高，属于微雕。

潜溪寺在龙门石窟中属于比较大的，整个洞窟高约9米，宽9米多，深有7米。窟中主佛是阿弥陀佛，雕刻非常精致，其身材匀称，脸部丰满，表情看上去安静祥和。在窟的顶端，还刻有一朵大莲花。

古阳洞是在一个天然石灰岩溶洞的基础上开凿而成的，其规模非常宏大。在洞的北面壁上，刻有“古阳洞”三个字。石窟内的主像是释迦牟尼，雕刻得比较清瘦一些。在释迦牟尼像的左边，是观音菩萨像，她手提宝瓶，表情安静从容。古阳洞中有几百个佛龛，这些佛龛的造型非常华丽，有各种形状，有的像莲花瓣，有的像屋子。

宾阳中洞是北魏时期开凿的洞窟，具有鲜明的北魏时期的特征。“宾阳”这个名字是有意义的，它的意思是迎接初升的太阳。宾阳中洞内的平面呈马蹄形，中央雕刻一朵巨大的莲花，莲花周围是八个伎乐和两个供养天人。他们随风起舞，围绕在莲花周围，舞姿优美。洞内墙壁上雕刻的是过去、现在、未来三世佛，主佛为释迦牟尼。洞内前壁两侧各有一幅大型浮雕，描述了北魏教帝和文昭皇太后礼佛的盛大仪式。

“万佛洞”名字的由来，是由于洞内有一万多尊小佛，这些小佛整齐地排列在洞内的南北两侧。洞窟分为前室和后室，前室刻有两个大力士和两头狮子，后室刻有一佛二弟子二菩萨二天王。在龙门石窟所有的洞窟中，这个洞窟的造像组合是最为完整的。洞口南侧还有一尊菩萨像，雕刻异常精美，该菩萨身姿婀娜，曾为艺术大师梅兰芳带来表演灵感。洞中佛像数量庞大，还包括很多乐伎舞者，整个洞窟表达了一种万众成佛的主题。

莲花洞的洞顶有一朵巨大的莲花浮雕，这个洞窟也因此而得名。在佛教中，莲花是圣洁的象征，在很多佛教雕刻及绘画作品中，莲花都是一种极为重要的装饰。而莲花洞的莲花与其他莲花的区别，便是它的硕大而精美。在龙门石窟中，这样的莲花并不多见。

奉先寺因为露天大佛而闻名，共有9尊佛像，中间主佛为卢舍那，通高17.14米，头高4米，耳朵长达1.9米。佛像面部丰满圆润，头顶的发纹呈现波纹状，面部表情安静祥和，露出一丝笑意。奉先寺是龙门石窟中规模最大的露天佛龛石窟，石窟雕刻的大佛形态各异、刻画传神，这些都显示了古代高超的雕刻艺术。

擂鼓台北洞为圆形的穹隆顶，窟顶雕刻一朵莲花，在北洞

▼莲花洞又名伊阙洞，是由天然溶洞开凿而成的。

▲奉先寺，原名大卢舍那像龛，是龙门石窟规模最大、艺术最为精湛的一组摩崖型群雕。寺内供奉卢舍那大佛，高17.14米，头高4米，耳长1.9米，是龙门石窟所有龛窟之中规模最大的造像，以神秘微笑著称，被誉为“东方蒙娜丽莎”“世界最美雕像”。

的前壁，雕有八臂观音，坐于圆形台座上。在前壁的北侧还雕有四臂十一面观音，赤脚立在圆形台座上。

老龙洞本是一座自然山洞，经过简单的开凿而形成了今天的洞窟。老龙洞的平面呈长马蹄形，该洞没有造出主要的大佛，全窟密布小佛龛 54 处。

惠简洞位于万佛洞南侧，规模中等。洞窟前半部是原来的窟门，现在已经塌毁。窟内平面在东西向呈马蹄形，西部为圆弧，南北两侧稍向内凹。在西壁的正中间凿有一尊弥勒佛像，弥勒两侧分别雕出两个弟子和两个菩萨，这些佛像下面都有基坛。

第四节　嵩岳寺塔——开砖塔之先河

嵩岳寺塔位于河南省登封市嵩山南麓的嵩岳寺内，建于北魏年间，是中国现存最早的砖塔。这是一座砖筑密檐式塔，塔身平面为十二边形，是现存的唯一一座十二边形塔。嵩岳寺塔的塔身分上下两部分，这是密檐塔的一种早期形式。

嵩岳寺塔高约41米，由基台、塔身、15层相互重叠的砖檐和宝刹组成，整座塔全部以砖砌成，每层都是用密檐式堆叠起来，外面涂上白灰。塔的内部为楼阁式，中央塔室是正八角形，整个塔室内是上下贯通的圆筒状结构。原本为了供和尚和香客绕塔做佛事，塔室内还放有佛台和佛像。

塔基和塔身一样，也被砌成了十二边形。塔前面有一个长方形的月台，塔后面是一条用砖铺成的通道，都与基台高度相同。塔基上建起两截塔身，中间用一圈腰檐分开。下段塔身为垂直的素壁，四面设有门道；上段塔身装饰较华丽，四面各开有一个直通塔心室的拱形券门，券门与下段门道互相连接相通，券门门楣还做成了印度的火焰式门楣。在其余的八个面，各有一座单层方塔形壁龛，在转角处还立有壁柱。

塔的中部有15层相互重叠的砖檐，檐宽逐层缩小，外部轮廓为抛物线型，看上去非常柔和。内部用砖砌出一个筒状的空间，里面有几层木楼板。

在塔的最高处，是高4.75米的塔刹。塔刹用的是石质材料，有一个台座，上面放有俯莲，再往上则是束腰及仰莲，最顶端是七重相轮和一颗宝珠。

关于嵩岳寺塔，还有一个民间传说。很早以前，寺院里的和尚各司其职，其中有一个小和尚专门负责打扫嵩岳寺塔。有一天他在打扫的时候，身体突然腾空，慢慢向上升起，不一会儿，又慢慢落下。小和尚非常惊奇，但

又不知道怎么回事。从此以后，小和尚每天去打扫，都会腾空而起一次，而且一次比一次升得高。小和尚心想："难不成我是要成仙了？"

这一天，小和尚快要升到最高一层塔棚，突然想到，自己如果升天了，这么不告而别不太好，于是落地之后，跑去把这件事告诉了自己的师父。老和尚听说之后，觉得非常蹊跷，于是带着小和尚来到塔里，让他再升一次。可是不管小和尚怎么努力，都没办法升起来。到了第二天，老和尚带小和尚又来到塔里，这一次，小和尚果然又腾空而起。老和尚顺着小和尚升起的方向看去，发现一条巨蟒正趴在塔棚上，张着血盆大口，向上吸引小和尚。老和尚大喝一声，巨蟒受到惊吓，便把头缩了回去。小和尚吓得瘫倒在地，老和尚扛起小和尚跑回寺里。和寺里的和尚们商量过后，老和尚决定放火烧嵩岳寺塔，把巨蟒烧死在里面。于是一群和尚把塔围住，放了一把大火。大火烧死了巨蟒，不过同时也把塔内的塔棚和木梯烧毁了。从此之后，嵩岳寺塔就成了一座没有塔棚和木梯的空塔。

▲嵩岳寺塔历经1400多年，是中国现存最早的砖塔，也是全国古塔中的孤例。嵩岳寺塔为砖筑密檐式塔，也是唯一的一座十二边形塔，其近于圆形的平面，分为上下两段的塔身，与印度"stupa"相当接近，是密檐塔的早期形态。

第五节　莫高窟——艺术再现历史变迁

莫高窟又叫千佛洞，位于甘肃酒泉的敦煌，在河西走廊最西端。它始建于十六国的前秦时期，据记载，一位叫乐僔的僧人路过这里，突然发现有万道金光，犹如佛尊降临，于是虔诚的乐僔便在这里开凿了第一个洞窟。之后人们不断开凿，洞窟规模不断扩大。之后历经北朝、隋、唐、西夏、元等多个朝代的兴建，形成了现有的规模。最初开凿的时候，人们将这里称为“漠高窟”，意思是“沙漠的高处”，后来因为“漠”和“莫”通用，便逐渐改成了“莫高窟”。

莫高窟现有洞窟735个，泥质彩塑3000余身，壁画的总面积达到4.5万平方米。在世界现存的石窟艺术中，莫高窟是规模最大、内容最丰富的，被尊为佛教艺术圣地。

莫高窟的735个洞窟，分为南、北两区。南区共有487个洞窟，是莫高窟的主体部分，僧侣们主要在这里进行宗教活动，洞窟内有壁画或塑像。北区有248个洞窟，其中只有5个存在壁画或塑像，其他的均为僧侣修行、居住和埋葬地。

按石窟的建筑形式和功能，这些洞窟可分为中心柱窟、殿堂窟、覆斗顶形窟、大像窟、涅槃窟、禅窟、僧房窟、影窟等，另外还有少量佛塔。窟型最大的高几十米，最小的连人都进不去。石窟保留下来很多艺术作品，除了大量的壁画和泥质彩塑，还有一些较为完整的唐代、宋代木质结构窟檐，以及几千块莲花柱石和铺地石。这些都是很珍贵的古建筑实物资料。在这些作品中有很多外来的艺术形式，这反映了古人兼容并蓄的艺术态度。

莫高窟壁画精美绝伦，所有的壁画若连起来横向排列，可绵延45千米，

如一道规模宏大的画廊，因此人们也把莫高窟称作“墙壁上的图书馆”。这些壁画绘制在洞窟的四壁、窟顶和佛龛内，多半的洞窟中都有分布。壁画的内容也十分广泛，有佛教故事，有佛教的历史，还有神怪的故事。此外还有很多壁画描绘的是当时的民间生活，比如耕作、狩猎、纺织、战争、舞蹈、婚丧嫁娶等社会生活各方面。这些画有的雄浑宽广，有的华丽动人，是不同时期的艺术风格和特色的体现。

在莫高窟的壁画上，飞天可算是一个重要角色，在多数的壁画中，都可看到漫天飞舞的美丽飞天。飞天是侍奉佛陀和帝释天的神，能歌善舞，是最能表现优美姿态的人物形象。墙壁之上，婀娜多姿的飞天在浩渺的宇宙中随风飘舞，有的手捧莲蕾，一飞冲天；有的从空中扶摇而下，仿佛一个仙女坠

▲敦煌莫高窟的壁画佛像。敦煌莫高窟是建筑、彩塑、壁画三者相结合的统一体，主体是彩塑。这幅佛像是彩塑发展的中期创作的，一般都是在正面大龛中列置以佛为中心的群像，外型上的明显特征：头大、体壮、腿短。

落人间；有的穿过万水千山，宛如游龙嬉戏于人间，为人们打造了一个优美而空灵的想象世界。

由于莫高窟所处山崖的土质比较松软，不太适合制作雕塑，所以莫高窟的造像除四座依山而建的大佛为石胎泥塑外，其余均为木骨泥塑的雕像。塑像都为佛教的神佛人物，有的是独立佛像，有的是组合佛像，组合佛像的中间通常都是佛陀，两侧侍立弟子、菩萨、天王、力士等。这些塑像都很精致，与壁画共为石窟中的艺术珍品。

莫高窟中的第96窟是所有石窟中最高的一座，它的独特之处在于它的外附岩建有一座“九层楼”，这九层楼也成了莫高窟的标志性建筑。九层楼就处在崖窟的中段，与崖顶等高，远远望去巍峨壮观。九层楼的外观轮廓错落有致，在檐角的位置系有风铃，声音十分悦耳。窟内有弥勒佛坐像，是由泥塑彩绘而成，这尊佛像是

▲敦煌飞天仕女图。婀娜多姿的飞天已经成为敦煌壁画中典型的形象。飞天是佛教传说中的天人，常常在佛说法时飞舞在空中，奏出美妙的音乐，洒下美丽的鲜花。

▼手捧莲蕾，一飞冲天。

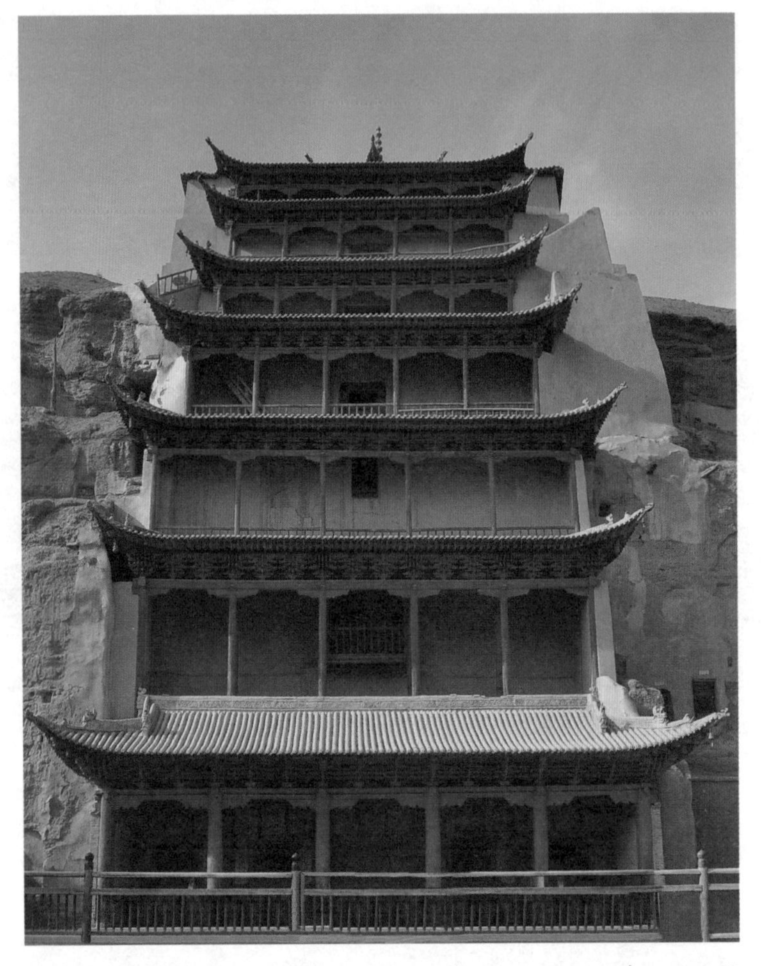

▲敦煌莫高窟的“九层楼”，俗称“大佛殿”，依山而建，里边供奉的是世界最大的室内盘腿而坐的泥胎弥勒菩萨的造像。这座大佛记载的修建年代为唐朝年间，所以弥勒菩萨的造像非常丰盈圆润，具有典型的唐代风格。

中国国内仅次于乐山大佛和荣县大佛的第三大坐佛。容纳大佛的空间下部宽阔而上部狭窄，平面呈方形。楼外开两条通道，既可供人们就近观赏大佛，又可透进光线照亮大佛的头部和腰部。

莫高窟的第17窟是著名的藏经洞。藏经洞内有中国几个世纪以来的文书、纸画、绢画、刺绣等文物几万件，“藏经洞”也因此而闻名。藏经洞内塑有高僧洪辨的坐相，墙壁上绘有菩提树、比丘尼等图像。还有一通石碑，似乎还未完工，是洪辨的告身碑。从洞中出土的文书来看，最晚写于北宋年间，其中多半是写本，还有一些刻本，大部分用汉文书写，但也有古代藏文、梵文、回鹘文、龟兹文等。文书内容主要是佛经，此外还有道经、儒家经典、小说、诗赋、史籍、地籍、账册、历本、契据等，有不少孤本和绝本。这些都是很珍贵的历史及科学研究资料，并由此衍生出了专门研究这些文献的“敦煌学”。

第六节　永宁寺——历时短暂的皇家寺庙

北魏的佛寺以洛阳的永宁寺最大，据史料记载，寺内的永宁寺塔高约136米，比我国现存最高的山西应县木塔还高一倍，是古代最高的佛塔。后来该塔因为遭雷击起火而焚毁，现仅存塔基遗迹。

永宁寺遗址在今天洛阳市东面，占地面积达9万平方米。永宁寺的中心是永宁寺塔，当年这里是专供皇帝、太后礼佛的场所。据记载，永宁寺塔为木结构，高九层，十分壮观，一百里外都可以看见。永宁寺塔的平面呈正方形，在各层的每个面都开了三个门和六个窗。塔刹在塔的顶端，上面有相轮，周围挂着金铃，再上面为金宝瓶。宝瓶下有四道铁索，分别伸向塔的四角，铁索上也悬挂金铃。晚上微风吹动，铃声清脆悦耳，十里外都能听见。塔的装饰也十分华丽，柱子上缠着精美的丝织品，门窗涂红漆，门扉上有五

▲永宁寺整体为一长方形院落，周围用夯土围了一圈土墙，土墙的四面各开了一个门。寺院中心建了一座高九层木塔，也就是永宁寺塔，从塔基遗址可以推测这个塔一定非常高，《洛阳伽蓝记》记载称这个塔有九十丈高，塔上还有十丈高的金刹，从百里远的地方都能看到它。

行金钉，并配有金环把手。

永宁寺塔的遗迹在寺的中间，夯土为基。土地基的中部筑起木塔台基，周围砌有青石，表面为三合土。在台基的四面中间，各有一道斜坡；根据出土物推测，台基上有

石栏杆。台基上木塔原本有五圈木柱，呈方格网状。从第四圈木柱往里，是用土坯砌筑的。在土坯砌体的南、东、西三面，各残存有五座壁龛，北面则似乎是登塔木梯。据遗迹推测，塔的外面应该是涂成了红色，塔内的墙面上绘有壁画。塔的中心位置下面还有地宫，约深1.7米，用于放经卷、法器、舍利等，四壁整齐，皆系夯土。

永宁寺遗址平面是长方形，周围有围墙。塔基遗址位于围墙内正中部位，平面呈方形。塔北有一片较大的夯土台基遗迹，据推测为正殿基址。据记载正殿十分华丽，可与宫廷的大殿相媲美，两侧向南延伸，一直连接到东西两侧的廊檐。在南侧还有一处宫殿遗址，建筑面积约1000平方米。围墙南壁正中是寺院的山门，正对着佛塔。门上原有三层结构的门楼。永宁寺遗址的山门、佛塔及正殿位于一条直线上，塔在线的正中，正殿在塔后，早期的佛教建筑多采用这种形式。

洛阳永宁寺闻名于世不仅仅是因为它有高大的佛塔，还因他是禅宗祖师菩提达摩进到河南境内时参观的第一个地方。达摩祖师从古印度来到中国，首先到了金陵，一个月之后来到永宁寺，当他看见那高大无比、精美绝伦的永宁寺塔时，简直惊呆了。达摩祖师自称活了150岁，周游列国，从未见过像永宁寺这般精美的寺院，永宁寺给他留下了十分深刻的印象。

第五章 隋唐时期建筑发展渐趋成熟

隋唐时期在城市兴建上，更加有规划性，比如唐长安城的建设、隋洛阳城的建设。同时这一时期在建筑技术上也达到了一定的高度，比如隋朝时期修建的赵州桥，是世界上最早出现的敞肩拱桥，历经1000多年，仍然完好。隋唐时期的塔开始采用砖石结构，这样就避免了木塔易燃和不耐用的缺点。

第一节　隋唐建筑——古朴而不张扬

进入隋唐之后，中国封建制度进入了全盛时期，此时的建筑艺术也达到了成熟阶段。不管是建筑的施工和规划，还是参与这项工作的人的专业性，都有了很大的发展。

在隋唐时期，进行建筑设计与施工的人发展成一个工种——“都料”。这些人的专业技术非常熟练，专门进行建筑的设计与现场指挥，这也是他们谋生的手段。他们首先会按照自己的规划，在墙上画上图线，然后指挥工人按照这些图线进行施工。在房屋建成以后，他们通常会在梁上留下自己的名字。一直到元朝，人们仍在使用“都料”这个称呼。“都料”这一工种极大地促进了建筑艺术的发展。

隋唐时期的建筑在建造技术和原材料使用方面，也比前代进步了不少。在佛教建筑中，佛塔开始越来越多地采用砖石结构。此时塔的主要类型虽然仍是木阁楼式，并且在数量上占优势，但木塔易燃，常遭雷击或者火灾，且容易腐坏。从实际效果来看，还是砖石塔更经得起时间的考验，目前我国保留下来的唐塔，全部为砖石塔。唐时砖石塔有楼阁式、密檐式与单层塔三种。从唐朝开始，砖石塔的外形逐渐朝仿木建筑的方向发展。

从更大的范围来看，砖石建筑虽然在某些方面具有优势，但是综合各方面因素来看，木建筑仍然是人们的第一选择。在隋唐以前，大型木建筑需要依赖夯土高台，隔出小空间来进行建造。隋唐时建筑技术的发展，解决了大面积、大体量的技术问题，使得木建筑向前发展了一大步。隋唐时已经可以独立建造出大型的木建筑，比如大明宫的麟德殿。在建筑构件方面，某些构件已经开始定型量化，不但加快了施工的速度，也使得建筑规格变得统一。

在建筑规划方面，规划风格逐渐走向大规模和整齐划一。在中国古代都城中，长安城的规划是最为严整的。长安城本来是隋朝规划兴建的，后来唐朝对其进行了扩展，使得长安城的规模进一步扩大。长安大明宫在大规模的规划风格方面，体现尤为明显，大明宫的遗址范围如果不算太液池以北的内苑地带，相当于明清紫禁城总面积的三倍多。其他的一些府邸和官衙，也都建造得宽敞大气。

对于建筑群的处理，也在隋唐时期走向成熟。此时的城市总体规划成为规划重点，对于主体建筑的空间组合的突出，在宫殿、陵墓等建筑中得到了明显体现，这种规划模式甚至影响到了明清宫殿、陵墓的布局。还有一种布局方式得到了发展，就是纵轴方向的陪衬手法。以大明宫为例，从丹凤门经龙尾道、含元殿、太液池最后到蓬莱山，这条轴线长1600多米，这就是纵轴布局方法。

这个时期建筑的艺术性也逐渐趋于成熟。唐代建筑着力追求气势的宏伟，这不单体现在整体和群组的规划上，也体现在单个建筑的构造和加工上。从现存的唐代木质建筑来看，其无论是柱子的外观、梁的构造还是斗拱的结构，都能让人感受到力与美的结合，并且整个建筑会给人一种简洁明了、庄严大气的感觉。

第二节　赵州桥——开创桥梁建造新局面

赵州桥又叫安济桥，位于河北省赵县的洨河上，因为整座桥全部由石头构成，因此赵县当地人称之为“大石桥”。这座桥建造于隋代大业年间，主

持其设计和建造的是隋朝著名的匠师李春。赵州桥是世界上现存最早、保存最完善的古代敞肩石拱桥。

赵州桥建造至今已有1400多年，经历过多次水灾、战乱和地震，仍然保存完好，这在世界桥梁史上都是一个奇迹。1963年，赵县爆发特大洪水，大水淹到了桥拱的龙嘴处，后来据当地的老人回忆说，站在桥上可以感觉到桥身在大幅晃动，而赵州桥最终也没有坍塌。

建桥首先要做的是选择桥址，好的桥址可以让桥基稳固牢靠，不易垮塌。李春在这方面可以说是有丰富经验的，他选择的桥址所在的河岸比较平直，这里的地面表层是粗砂，下面是细石、粗石、细砂和黏土层，这样的地层结构恰好可以满足承载要求，并且使桥基不易下沉。

桥基的设计也是惊人的。当年建筑专家梁思成曾对赵州桥进行考察，在河床下80厘米左右的位置，便发现了承载桥身的石壁，当时他还以为这只是防止水流冲刷的金刚墙，而不是承纳桥券全部荷载的基础。他认为除非大规模发掘，否则是发现不了桥基的。但是后来经过中国科学院的调查，那浅浅的石壁便是桥基，它承担了整座桥的重量。桥基只是高1.56米的五层石条，下面便是自然砂石。这在人们看来是不可思议的。

赵州桥的桥拱设计也非常独特。当时的桥多选用半圆形拱，但赵州桥属于大跨度的桥梁，如果使用半圆形拱，就会使拱顶很高，形成很高的坡度，这样车马行人将很难过桥，而且也增加施工的危险性。为了解决这个问题，李春大胆地采用了圆弧拱，也就是小于半圆的一段弧，这样一来，石拱的高度就可以大大降低。并且用这种方式的话，还可以节省用料、方便施工。只不过这种方式，使得桥基要承担更大的载荷，这也足以说明那种浅层桥基的设置多么令人惊叹。

赵州桥的建筑结构是十分特殊的，它是一座空腹式的圆弧形石拱桥，全长64.4米，跨径37.02米，拱高度7.23米，在拱圈两肩各设有两个跨度不等的小

▲赵州桥建于隋朝年间，由著名匠师李春设计建造，距今已有1400多年的历史，是世界上保存最完整的古代单孔敞肩石拱桥。赵州桥是古代劳动人民智慧的结晶，开创了中国桥梁建造的崭新局面。

拱，即敞肩拱。在当时，这种造型是一种很大的创新，不但需要大胆的创意，还需要对建造桥梁的各个方面因素进行科学考量。在这一点上，李春做得很好，令世人惊叹，甚至有人评价赵州桥“制造奇特，人不知其所以为”。

在拱肩方面，赵州桥首开先河。在此之前，桥梁建筑均采用实肩拱，而赵州桥则开创性地采用了敞肩拱。敞肩拱就是在大拱两端各设两个小拱，变实心为空心。这种大拱加小拱的敞肩拱有很多实肩拱所不具备的优点。

由于敞肩拱是空心的，可以增加河水的流量，在洪水季节，可以减轻洪水对桥的冲击力。古代洨河每逢汛期，水势都特别大，这非常考验桥的泄洪能力，而赵州桥的四个小拱则在相当程度上减小了桥的压力。相比于实肩拱，敞肩拱可节省大量土石材料，减轻桥的自身重量，从而减少桥身对桥台和桥基的载荷，使得桥更加稳固。同时，这四个小拱还可以使桥梁处在有利的载荷状态，减少主拱圈的变形，提高了桥梁的承载力和稳定性。从外观上来看，敞肩拱也增加了桥的观赏性，使得桥身的造型更加优美，将实用性和观赏性合二为一。

在赵州桥的修建方式上，李春采用的方法也非常新颖。当时李春选取的材料是附近州县生产的质地坚硬的青灰色砂石，这样既方便修建，也节省了很多人力、物力。石拱的砌置方法也很独特，均采用了顺着桥的方向，依次砌置的方法，就是整个大桥修剪成28道各自独立的拱，然后沿宽度方向把28道拱并列组合，横向连接起来，就形成了赵州桥；每道拱的厚度都是1.03米，每道拱单独砌成，操作起来非常方便。这种砌法有很多优点，既便于移动，又利于桥的维修。如果某道拱的石块出了问题，只要更换上新的石块就可以了，对局部进行操作即可，不必调整整个桥梁。

第三节　大明宫——严整又开朗

大明宫是唐朝的皇宫禁苑，位于唐都长安的东北部。大明宫原来是唐太宗李世民为安置自己的父亲李渊而修建的，但是还未等修建完成，李渊就去世了。后来，大明宫成了唐朝帝王起居和听政的地方。由此，大明宫也成了唐王朝的政治中心和唐朝的象征。大明宫在长安城的高地，可以看到长安城的街景。

大明宫总体可分为前朝和内庭两部分，前朝的主要作用是朝会，内庭的主要作用是居住和宴游。大明宫的正门是丹凤门，主要宫殿有含元殿、宣政殿、紫宸殿、蓬莱殿、含凉殿和玄武殿，它们都分布在一条贯穿南北的中轴线上，宫里的其他建筑，也大致是沿着这条轴线分布的。

在含元殿前东西两侧，有名叫翔鸾、栖凤的两座阁楼，和一条与平地相连通的龙尾道。经过考古发掘得知，含元殿是一座有十几间屋子的殿堂，殿阶全部为木质。殿前的龙尾道是一条长70多米的坡道，用来供臣子们登临朝

见，坡道共有7折，远远看去就好像一条龙尾，这条道也因此而得名。在含元殿以北，有宣政殿和紫宸殿，他们与含元殿都位于宫城的中轴线上。宣政殿是皇帝临朝听政的地方，紫宸殿则是内朝的正衙，群臣入紫宸殿朝见，称为“入阁”。

大明宫内廷部分的中心是太液池，周围共有殿阁楼台三四十处，是皇帝起居和宴请的地方。太液池也叫“蓬莱池”，总面积约1.6万平方米，分为东池和西池，两个池子是相互连通的，其中西池较大，东池较小。据记载，太液池水是引自南来的龙首渠，有暗渠与宫外相通。池内有土山，称为“蓬莱山”。沿岸的走廊及宫殿，都依水势而建，错落有致。

▼大明宫里的人间仙境——太液池。

▼西安大明宫遗址公园俯视图。

在太液池西面的高地上，有一座麟德殿，是皇帝接见外国使臣、召见贵族和举行宴会的地方。在麟德殿的前后有三座大殿，大殿下面有很高的台基。在中殿的两边，各建有一个亭子。在后殿的两边各建有一座阁楼，周围有很多环绕的回廊，把各个部分连接起来。

由于唐朝皇帝崇尚道教，因此在大明宫内也有道教大殿——三清殿。三清殿位于大明宫的西北角，是一座高台建筑。在三清殿的表面铺有清水砖，上殿的阶道有两条，一条在南面正中，是供人行走的阶梯道。还有一条是斜坡慢道，在台基的北面，为梯形平面。在三清殿遗址中有很多绿琉璃，还有黄、绿、蓝三彩瓦，也有一些青灰色陶瓦，还有铜质构件。另外，大明宫中还有大角观等其他道教庙观建筑遗址。

玄武门是大明宫北面的正门，现今的遗址已经模糊不清，根本看不出门的形状。后来在发掘中发现，玄武门只有一个门道，两侧为夯土门楼基座，周围砖砌的墙壁。门南面两侧铺设莲花方砖，连接着门道的砖壁。整个玄武门的基座是梯形的，下大上小。门道中间有一道石门槛，门槛非常光滑，主要是为了方便过车，门槛上还有两道2米宽的车辙沟。根据车辙沟的磨损情况，可看出玄武门的车流量比较大，门槛内外的路上均可以清楚地看出车辙沟痕。据史料记载，这里曾驻扎重兵。当年唐太宗李世民就是在玄武门附近，发动了“玄武门之变”，杀死了太子李建成和齐王李元吉，最终继承皇帝位。

据考古发掘推算，大明宫的面积大约为北京紫禁城的4倍，也就相当于3个凡尔赛宫，12个克里姆林宫，13个卢浮宫和500个足球场，这足以看出大明宫规模之大。今天站在的大明宫遗址上，依然可以感受到当年大唐盛世的繁华与气魄。

第四节　布达拉宫——“西藏历史的博物馆”

布达拉宫位于拉萨市的普陀山上，是一座具有鲜明藏式风格的宫殿，整座宫殿依山而建，宏大而雄伟。据历史传说，布达拉宫始建于8世纪，是吐蕃王松赞干布为了迎娶大唐文成公主而建的。后来布达拉宫在战火中被毁坏，清朝时又得以重建，重建后的布达拉宫成了规模宏大的藏传佛教寺院建筑群。后来布达拉宫成为历代达赖喇嘛的冬宫居所，也是达赖喇嘛行政办公和居住的宫殿。现在每逢节日或者佛教活动，宫内都会涌进大量信仰藏传佛教的各民族佛教徒，因此这里也成了著名的佛教圣地。

布达拉宫的总占地面积有36万平方米，包括山上宫堡群、山下方城和山后龙王潭花园三部分。

山上宫堡群是依山而建的，分为红宫和白宫。区别红宫和白宫的方法，就是看它们的外墙颜色，外墙被涂成红色的就是红宫，涂成白色就是白宫。

红宫是一座九层建筑，平面大致呈方形。第一层到第四层是沿着山坡修建的，地垄墙的中间是存放物品的仓库；第五层有五座大殿，中间是西大殿，这里也是红宫的中心，西大殿周围环绕着四座大殿；第六层到第八层主要为佛殿，分布在四边，中间是带回廊的内院天井；第九层是金顶和辅助性作用的房屋。如果把红宫和前面的晒佛台等建筑连在一起，就成了一组很大的建筑群。

红宫里主要是达赖喇嘛的灵塔殿，其中共有八座灵塔，里面安放着五世到十三世达赖喇嘛的遗体。塔身全部为金皮表面，上面镶有宝玉，一派气势辉煌。在这些灵塔中，五世达赖的灵塔是最为壮观的，它修建在大殿里，大约有三层楼的高度，外表类似通常的佛塔，只是从上到下全部用黄金包镶，共有11万两黄金，外面镶有无数宝石。

白宫是达赖喇嘛的冬日行宫，曾经也被西藏地方政府用来作为办事机构。白宫总共有七层，其中第四层中有寂圆满大殿，用来举行达赖喇嘛的坐床、亲政大典等重大活动，是白宫中最大的殿堂。白宫第五、六两层分别是达赖喇嘛办公和生活的地方。最高处第七层有两套宫殿，称为东、西日光殿，是达赖喇嘛冬季的起居宫。

方城在布达拉宫南侧山脚下，是一座宏伟的建筑群，藏语称其为“雪”。方城靠山，坐北朝南，东、南、西三面有城墙围绕。方城内建有印经院、司令部、造币厂、监狱、马厩和象房等，这些都是直接为达赖喇嘛服务的，另外还有一些供俗官使用的贵族住宅等。

▼西藏的布达拉宫。它是著名的藏式宫堡式建筑，也是藏族古代建筑和中国古代建筑艺术的杰出代表，享有“世界屋脊上的明珠”的美誉。

龙王潭是一处园林建筑，位于布达拉宫北坡山下，距离布达拉宫北门不远。其中有一座龙宫，是六世达赖喇嘛按藏传佛教中的坛城模式建造的，为与外界连通，还架起一座五孔石桥。龙宫又叫“水阁凉亭”，原先是五世达赖修法的地方，后来改建成龙宫，用来祭祀祈雨。龙宫共有四层，建筑形式结合了汉族和藏族的不同风格，其中第四层为平顶，正中是仿照汉式的镏金顶。底层的殿堂是坛城模式，四面各有一间小殿，相互连通。二、三层都是四柱厅，梁上布满了彩绘，大多是汉族风格。一至三层的大殿里都有精美的壁画。

壁画是布达拉宫建筑艺术的一个重要组成部分。布达拉宫宫殿的四壁和走廊里，大都绘有绚丽的壁画。壁画的内容既包括神话传说，又有许多珍贵

的历史资料。有最初修建布达拉宫时的场景，也有松赞干布与文成公主成婚的描绘。

除了壁画之外，布达拉宫内还收藏了很多极为丰富的历史文物。其中包括近千座佛塔、上万幅唐卡以及甘珠尔经等珍贵的文物，还有明清两代皇帝封赐达赖喇嘛的金册、金印、玉印以及大量的金银工艺品。因此，布达拉宫也成为后人瞻仰朝拜的圣地。

第五节　佛光寺大殿——木构架建筑的典型代表

山西五台山在唐代已经是我国的佛教中心之一，在此地建有许多佛寺。佛光寺位于五台县城东北处的佛光山山腰，借山势建造，三面环山。寺内环境非常好，殿宇高低错落，苍松翠柏环绕。寺内现存的建筑主要有位于山腰的东大殿、前院的文殊殿、六角形的祖师塔和唐塔等。

佛光寺东大殿在佛光寺内东面山腰处，大殿是寺内的主要建筑，宏伟壮观，居高临下，站在大殿上俯瞰全寺，整座寺院的景色一览无遗。殿前的基址很高，由石头砌成，在上面筑有台基。殿内有十几间屋子，后几间安有窗户，方便殿内的后半部分采光。殿内外柱上有斗拱梁架和屋檐。斗拱就是立柱和横梁交接处，从柱顶上延伸出的一层层叠在一起的承重结构，拱与拱之间垫的方木块就叫斗，两者合称斗拱。

大殿内的天花板将梁架分为露明梁架和隐蔽梁枋两部分。梁枋结构十分精巧，有些地方还能看出早期的彩绘。殿顶全部铺盖着板瓦，殿顶上装饰的脊兽都是黄绿色琉璃，这使大殿看上去更加雄伟瑰丽。殿内佛坛有5间屋子

宽，里面有35尊彩塑，彩塑比例适度，线条刻画流畅，躯体和面容都非常饱满。殿里除了佛陀、菩萨、金刚等各类塑像外，还有施主宁公的坐像和主持修建寺庙的愿诚和尚像。

佛光寺大殿看上去十分普通，和中国其他佛院大殿没有什么不同，但却被我国著名的建筑学家梁思成称为“中国第一国宝”，因为它打破了日本学者的断言。曾有日本学者说，在中国大地上没有唐朝时期或更早的木结构建筑，而佛光寺大殿就是现存的唐朝的木结构建筑，也是我国现存第二早的木结构建筑。

文殊殿在佛光寺的前院，位置偏北，殿里共有十几间屋子。在佛殿的顶上有琉璃宝刹，无论外形还是色泽都显得很庄严。殿内佛坛上有六尊塑像，分别是文殊菩萨及侍者，塑像的面部雕刻得非常圆润，均有华美的服饰。在四周墙壁的下部，还绘有五百罗汉壁画。

祖师塔在东大殿的南面，是佛光寺的初祖禅师塔。祖师塔高约8米，是用青砖砌筑而成，为六角形塔。塔共有两层，第一层中间是空的，在正西面开有一扇门，门上有火焰形拱券。第二层的每个角都砌有莲花式倚柱，正面有一道假门，拱券为火焰式，侧面雕有假窗。塔顶部是塔刹，有覆钵、莲瓣及宝珠。

在佛光寺东山腰和西北塔坪里，共有七座塔刹，其中四座为唐代所建，因此便将这四座称为唐塔。这四座塔分别为无垢净光塔、大德方便和尚塔、解脱禅师塔、志远和尚塔。无垢净光塔在佛光寺东山腰，是八角形塔，塔身已经被毁坏，塔内出土了一些汉白玉雕像，这些雕像都是建塔时所雕，雕刻精致，线条流畅。大德方便和尚塔也在东山腰，为六角形塔，西面开有一扇门，塔刹已经毁坏。门外北面有塔铭刻石，记载详细。解脱禅师塔在寺西北塔坪里，为方形塔。塔分两层，塔身中间是空的，正面有圈拱门，塔的顶部有塔刹和覆钵，但宝珠已经不见了。志远和尚塔在东山腰，基座是八角形的，塔身为圆形覆钵式，这种形制的唐塔在国内是唯一一座。

第六节　大雁塔——四方楼阁式砖塔

大雁塔位于陕西省西安市，因坐落在慈恩寺西院内，又名大慈恩寺塔。大雁塔始建于唐高宗永徽三年（652年），相传当年玄奘法师去印度取经，从印度带回了许多的佛像、舍利和梵文经典，之后玄奘法师亲自主持建造了大雁塔，用来供奉和珍藏这些宝物。不过到现在也没人知道，这些宝物被玄奘珍藏在大雁塔的哪个位置了。

大雁塔是一座砖仿木结构的塔，采用楼阁形式，整体为方锥形，平面为正方形。塔通高64米，共分7层，各层都由青砖砌成。整座塔由塔基、塔身、

▲西安大雁塔。它是古印度佛寺的建筑形式，随佛教传入中原地区，并融入华夏文化的典型物证，是凝聚了中国古代劳动人民智慧结晶的标志性建筑。

塔刹三部分组成，许多地方都在模仿唐代建筑，显得严整大方。塔内各层都有楼板，设置扶梯，可以直通塔顶，塔上珍藏着舍利子、唐僧取经足迹石刻等文物。

▲西安大雁塔南广场的玄奘佛像。法师手持锡杖，身体微微前倾，象征着他在求法道路上始终一往无前的坚毅。慈祥的目光略呈俯视，体现了法师毕生普度众生的决心。玄奘精通经藏、律藏、论藏等几乎所有的佛教经典，因此被后世称为“三藏法师”。

大雁塔塔基高约4米，四面都开有石门，门楣上有十分精致的线刻佛像，其中西门的线刻线条流畅，雕刻技法精妙，刻的是阿弥陀佛说法图，据说出自唐代画家阎立本之手。在南门的门洞两侧嵌有两块石碑，分别是《大唐三藏圣教之序》碑和《大唐三藏圣教序记》碑。《大唐三藏圣教之序》位于西侧，从右向左书写，《大唐三藏圣教序记》位于东侧，从左向右书写。两块碑均由唐代书法家褚遂良书写，不过分别是唐太宗李世民和唐高宗李治撰文的。两碑规格相同，都是下宽上窄，碑座为方形，上面刻有图案，后人称两碑是“二圣三绝碑”。

塔基上面有七层塔身。

第一层是通天明柱，上面有四幅长联，描写了唐代的故事人物。楼梯处放有一块“玄奘取经跬步足迹石”，描写的是玄奘西天取经的传说。这一层的洞壁两侧还有许多题名碑，当时的文人名士有“雁塔题名”的风俗，因此这里留下了很多文人的手迹。另外，这里还有叙述玄奘一生的《玄奘负笈像碑》和《玄奘译经图碑》。

在第二层的塔室内，供奉着大雁塔的“定塔之宝”——一尊铜质镏金的佛祖释迦牟尼佛像。在两侧的塔壁上，有很多名人留下的书法手迹，多半是唐代诗人在塔上即兴所写，另外还有两幅文殊菩萨、普贤菩萨壁画。

第三层塔室中存放有珍贵的佛舍利，相传是印度玄奘寺住持悟谦法师所赠，放在一个木座上。

第五层有一块释迦如来的足迹碑，该碑是一块复制品，原碑为玄奘法师聘请铜川玉华寺石匠李天诏所刻制。碑上的佛教内容丰富，有“见足如见佛，拜足如拜佛”的说法。

第六层中悬挂有五首五言长诗，分别为杜甫、岑参、高适、薛据、储光羲所作。752年晚秋时节，五人相约同登大雁塔，每人即兴作了一首诗，流传至今。

站在大雁塔第七层，可尽赏西安古城风景。在塔顶中央，刻有一朵大莲花，莲花分两层共28个花瓣，其中内层的14个花瓣上分别刻有一个字，可连成两句诗，而且可以有多种不同的读法，其中一种读法为：“人赞唐僧取经还，须游西天拜佛前。”

第七节　囊色林庄园——保存较完整的贵族庄园

囊色林庄园位于西藏山南地区的雅鲁藏布江南岸，建于吐蕃王朝末期。

囊色林是西藏地区一家古老的贵族，该庄园是这家贵族的私家园林。囊色林庄园的主体建筑是碉楼形式，园内主楼共有7层，为长方形平面，东面凸出。主楼前面有附楼，旁边有磨坊、马厩、编织作坊、染坊、平房、碉堡和监狱等建筑。

主楼第一层大约高5米，内部用隔墙分出10个空间，作为贮存粮食的地方。东面凸出的那一部分，是上面几层楼厕所的粪坑。第一层只有东南方向有一个入口，窗户开在距离地面4米高的位置，只作通风之用。

主楼第二层也被分隔成多个小间，主要是用来储存加工后的粮食、油脂、盐、糖等，也用来收缴农奴的租税。第二层地面上开了一个小洞，农奴在交粮时，会把粮食从这个洞倒入第一层的库房中，加工后再放回第二层，平时这个洞会用木板盖住。

第三层分为东、西两部分，东面是管家和佣人居住的地方，还有手工操作间。西面是一间佛堂，为方便室内的通风和采光，佛堂内开了一个很大的窗户。

第四层是藏经室，用来收藏主人的经书。

第五层是庄园主生活起居的地方，东面是厨房，在厨房顶部有一个天窗，用来解决通风和排烟等问题。

第六层的中间是走廊，东面有两间卧室，厕所设在外面。

第七层是屋顶平台，作为庄园主平时户外活动之用。

总体上看，主楼建筑形式高大，规划合理，功能清晰。在建筑用材上，主楼使用了土木混合结构，墙体为土墙，梁柱则为木结构。主楼每层楼的地面用材基本相同，都是下面铺一层卵石，上面铺一层土。

主楼内厕所的设置别具一格。因为藏族建筑内没有上下水设备，使用的都是旱厕，所以要求上下层厕所的蹲位要错开，好让每一层的粪便都正好落到底层的粪坑。第二层的厕所蹲位设在南边，往上逐层北移，第五层的厕所已经在北边。第六层东面的建筑已经损毁了，室内没有发现厕所。

在主楼屋顶周围有用“边玛草”垒砌成的边玛墙。边玛墙为藏族所独有，并且只在藏族的高等建筑中出现。边玛墙的砌筑方法是把边玛枝干去皮、晒干，切成小段，然后捆成手臂粗细，在砌筑的时候，要先铺一层捆好的边玛树枝，然后上面用一层黏土夯实，这样重复砌筑，在顶部还会进行防水处理。墙体砌成后，还会在墙面上涂一层红色的颜料，这就是最终的边玛墙。

第八节　乾陵——唐陵之冠

乾陵是唐高宗李治和女皇武则天的合葬陵墓，位于陕西省咸阳市梁山上，始建于684年，历时23年。梁山共有三座山峰，乾陵建在海拔最高的北峰上。另外两个山峰较低，被称为双乳峰。双乳峰东西相对，中间有司马道。

整座乾陵依长安城的格局建造，气势宏伟。从现在的遗址来看，乾陵原本有四个城门，两重城墙，还有宫殿楼阁等很多规模宏大的建筑物。其中四个城门分别为：南门朱雀门；北门玄武门；东门青龙门；西门白虎门。进入乾陵大门后，是500多级台阶。走完台阶即是一条平宽的道路，即“司马道”，司马道可以一直通到“唐高宗陵墓”碑。

司马道两旁有很多的石刻雕像，首先看到的是两根8米多高的石华表，石华表是帝王陵墓的象征。然后是两只石刻翼马，翼马的雕刻非常精美，两翼上雕有卷云纹，给人一种展翅欲飞的感觉。紧接着是优美的高浮雕鸵鸟、石仗马与驭马人组合、石翁仲，传说翁仲是秦朝镇守临洮的大将，威震四方。秦始皇在咸阳宫司马门外立翁仲像，后来的帝王们便沿袭了这一做法，在需

要守卫的地方立翁仲石像。

石翁仲的北面是两块石碑，西边的一块是唐高宗的金字“述圣纪”碑，是武则天所立，碑上所写主要是唐高宗的功德。碑文为武则天撰写，刻好后填以金屑。这座碑又叫“七节碑”，因为碑总共分为七节，分别代表日、月、金、木、水、火、土，寓示唐高宗的功绩光芒四射。原本碑上还有碑亭，现在已经不在了。

▲乾陵武则天无字碑。这是由一块完整的石头雕凿而成，碑头雕有8条互相缠绕的螭首，饰以天云龙纹图案，没有书写任何文字的石碑。

东边的石碑是武则天的无字碑，碑身两侧各雕有4条相互缠绕的龙。碑身线刻有“升龙图”，碑座线刻有“狮马图”。整个无字碑用一块巨石雕成，高大宏伟，但是碑上并没有刻字，这引起人们无数猜想。民间对于无字碑有三种说法。第一种说法认为，武则天立无字碑就是想夸耀自己的丰功伟绩，已经到了没有文字所能表达的地步；第二种说法认为，武则天立无字碑是因为自知罪孽深重，无法写碑文，所以还不如不写；第三种说法认为，武则天是一个聪明绝顶的人，立无字碑就是她聪明的体现，功过是非不自己说，而留待后人评说。现在这三种说法中大家更倾向于最后一种。

走过了司马道，便是“唐高宗乾陵”的

▲西安乾陵“六十一蕃臣”的无头石像。这些和真人差不多大小的石像，衣着打扮各不相同，发式和脸型也都不一样。但是他们都双双并立，两手前拱，行为姿态十分谦恭，就好像是等待某人的到来一样。

墓碑。这块墓碑是唐代陕西巡府毕源所立，原来的碑已经被毁，现存的这块碑是清乾隆年间重建的。在这块碑的右前侧，还有一块墓碑，碑上有郭沫若题写的“唐高宗李治与则天皇帝之墓”12个大字。

乾陵还有一处独特的景观，就是在朱雀门外分立两侧的石人群像。这些石像共有60多尊，整齐地排列在两旁，显得很恭敬。这些石像和真人差不多大小，不过都没有头，在石像的脖子上可以看到头被砸掉的痕迹，因此人们习惯上把这些石像称为无头石像。这些无头石像的衣着各不相同，但是两两并立，两手前拱，显得非常恭谨，好像在恭迎皇帝的到来。

有专家猜测，这些石像的材质并不是很结实，而且脖子的

位置比较细，所以很容易断裂。而据史料记载，这里曾发生特大地震，所以石像的脖子都被震断了。

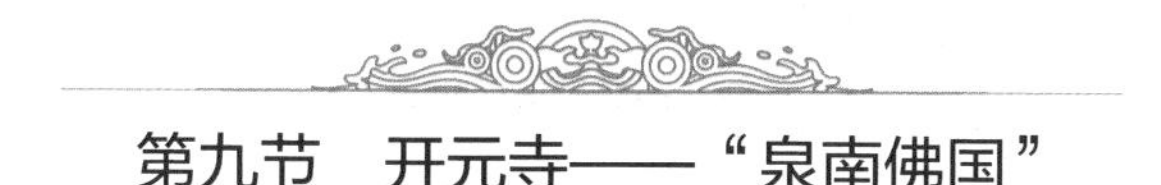

第九节　开元寺——“泉南佛国”

开元寺位于福建省泉州市，为唐代古刹。开元寺本来是一座雄伟壮观的寺庙，但经过1000多年的沧桑之后，只留下了一些遗址。寺内的遗址主要有天王殿、开元双塔、大雄宝殿、桑蓬古迹、甘露戒坛和拜庭。

天王殿是开元寺的山门。山门石柱是唐朝风格，中间粗两头细。石柱上有一副木制的对联：“此地古称佛国，满街都是圣人。”这副对联是南宋大理学家朱熹所写的，在近代由高僧弘一法师书写。在天王殿两旁分别有密迹金刚与梵王坐像，它们怒目而视，看上去非常威严。这些坐像与一般寺庙所雕塑的四大金刚有比较明显的区别，有人将它们称为“哼哈二将”。

双塔是开元寺内最有名的建筑，分别位于开元寺大殿前的东西两侧，两塔均高40多米，是我国最高的一对石塔。东塔名为“镇国塔”，西塔名为“仁寿塔”，这两座塔原本都为木塔，但是后来被毁坏，重建成石塔。在塔的每一层门龛的两旁，都有武士、天王、金刚和罗汉等浮雕像。

大雄宝殿又叫紫云大殿，是开元寺内的主建筑。大殿上方有一块巨型匾额，上面写着“桑莲法界”四个大字。大雄宝殿在建成之后，经历了几次损毁与重建，最终形成了面宽九间，进深六间的规模。大殿大体保留了唐朝的建筑风格，规模宏大，气势宏伟。大雄宝殿在建设之初，本计划在殿内设立100根柱子，但是因为空间有限，便将柱子减少到了86根，不过大雄宝殿还

▲开元寺双塔是我国现存最高、最古老的一对石塔。东塔通高48.24米，分为回廊、外壁、塔内回廊和塔心八角柱四部分，造型精致，坚固无比。

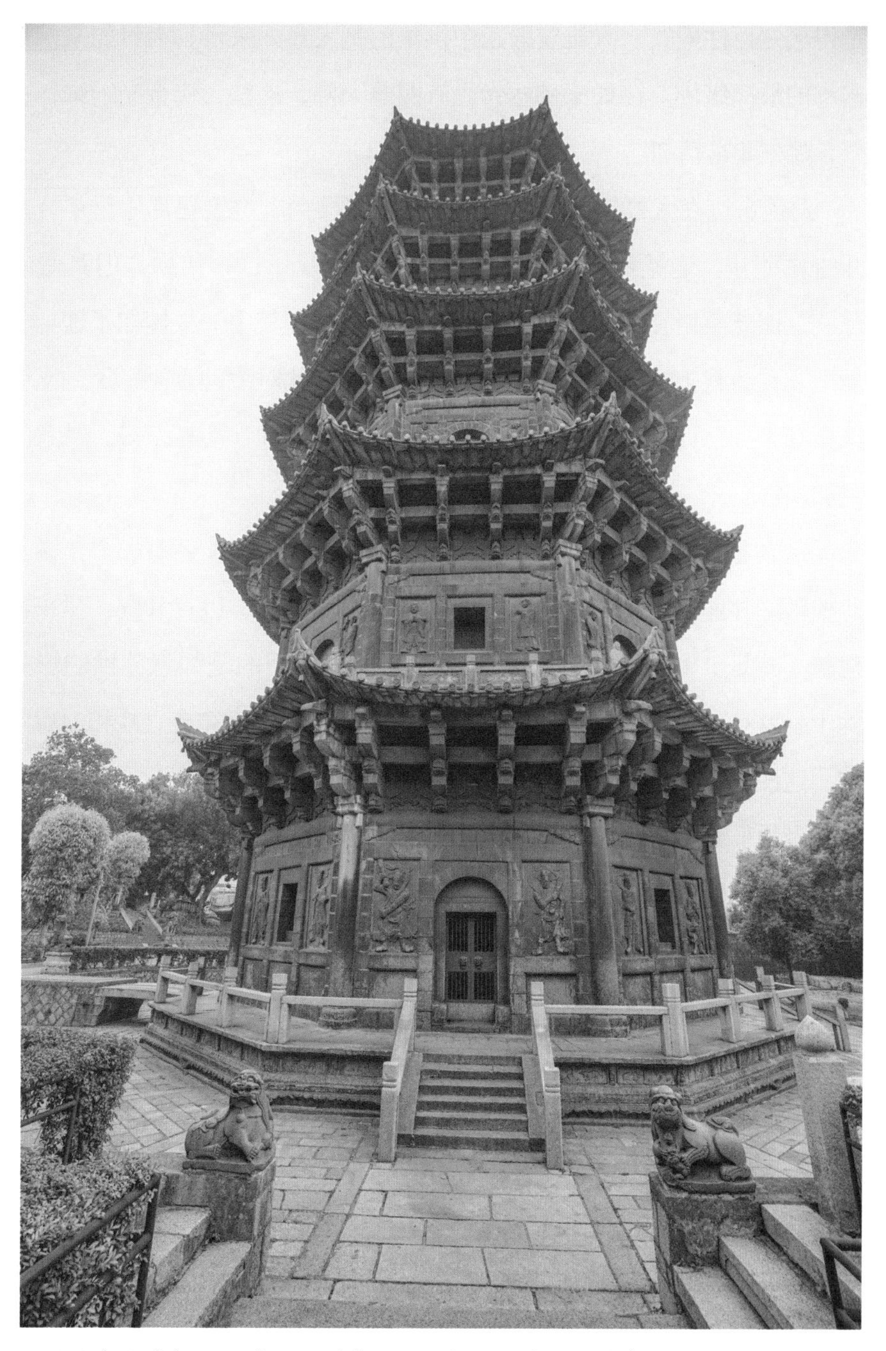

▲开元寺西塔高44.06米，西塔象征西方极乐世界，以塔身的八面、塔顶和塔座合为十方净土，每一方净土从上到下交错安放着众多浮雕像。

是得名“百柱殿”。大雄宝殿正中供奉的是大日如来佛，大日如来佛是佛教密宗的最高级佛。在如来佛两旁还有四尊大佛，这些大佛金光闪耀，神态庄严，雕刻非常精细。

桑莲古迹在大雄宝殿的后面，是一棵老桑树，据说已活了千年，并且还开过白莲花。老桑树下有一块石碑，详细记录了这个传说，但真假无法知悉。这棵老桑树在一次暴风雨中曾被雷电劈中，其中一枝掉在了地上，僧人们把它重新栽上，还在旁边刻了一副对联：“此对生莲垂拱二年，支令勿坏以全其天。”让人难以置信的是，它竟然奇迹般地存活了下来，并且比以前更加茂盛。

大雄宝殿后面是甘露戒坛，关于甘露戒坛的由来，还有一个传说。相传此地常降甘露，一个和尚于是便在这里挖了一口井，以存甘露。后来在井上建起了戒坛，称为甘露戒坛。戒坛的坛顶正中用的是如意斗拱的形式，结构十分复杂，如一张巨大的蜘蛛网。在戒坛的周围还建有立柱和24尊飞天乐伎，这些乐伎手持各种乐器，翩跹起舞。坛台上供奉有卢舍那佛木雕坐像，其所坐为千瓣莲花，每一瓣莲叶上都刻有一尊6厘米大小的佛像，精妙绝伦。

拜庭是供民众朝拜和举行祭祀活动的地方，每月农历二十六日是勤佛日，这里都挤满了人，一派热闹的礼佛景象。拜庭有一个奇怪的现象，就是庭内寸草不生，也许是因为人多的缘故吧。

开元寺自建寺以来，出了很多佛法精湛的高僧。方丈道元大和尚，曾远赴巴西弘扬佛法，为佛教的发展做出了重要贡献。

第六章 五代辽宋金时期建筑多面发展

五代时期处于分裂状态，所以在建筑上没有太大的发展。辽为契丹所建，保存了唐朝建筑雄伟刚健的风格，但在装饰上也有少数民族的色彩。比如山西应县的佛宫寺释迦塔，该塔宏伟高大，是世界上现存的最古老的全木结构塔式建筑，是辽代的典型建筑。宋代建筑可看作唐代建筑的柔和化，建筑风格趋于俊秀和柔美，比如岳麓书院。金时期的建筑多受宋朝的影响，建筑式样基本和宋朝相仿。但金朝统治者追求奢华，所以金朝的建筑在内部装饰上更加富丽堂皇。

第一节　混乱分裂时期的建筑

五代时期是一个混乱和分裂的时期，各个国家之间相互征伐混战。后来北宋统一了黄河流域以南的地区，这才结束了战乱的局面。不过北方仍有辽政权与北宋对峙。北宋末年，女真族逐渐强大起来，建立了金朝，形成了宋金辽共存的局面。这段时期战争不断，不过也带来了各民族文化间的冲突和融合，这对当时的建筑文化的影响也非常大。

在唐朝及以前，为保障统治者的安全，都城基本都实行夜禁和里坊制度，晚上把百姓都关在里坊中，并有吏卒看守。不过随着五代辽宋时期手工业和商业的发展，这样的制度已经不再适合当时的情况。到了这一时期，都城基本不再实行夜禁和里坊制度。比如说宋朝都城汴梁，虽然仍旧有坊，但实际已跟原来的作用大不相同。

北宋时，王安石推行变法，要求各部门制定各种财政、经济条例，这催生了我国古代最完整的建筑书籍——《营造法式》。编辑《营造法式》是为了建立设计与施工的标准，保证工程质量，节省国家建筑开支。《营造法式》的作者是李诫，他将历代工匠相传下来的建造方法整理了出来，并对建筑物的用料给出了尺度标准，不仅使得建筑的建造省时省力，而且工料估算有了统一的标准。这本书对当时宫廷建筑的建造方式有极大的影响，甚至影响到了江南的民间建筑。

相比于唐代，辽宋时期的建筑装饰和色彩也出现了很大变化。唐代以前的建筑一般采用红色，到了这一时期，建筑外貌变得更加华丽，木架结构上通常都会绘制明艳的彩画，屋顶大多使用琉璃瓦。室内也产生了一些变化，开始采用高的桌椅，而不再用唐以前那种低矮的家具，室内空间也因此变大。从宋画《清明上河图》中，可以看到当时的新型家具。

砖石建筑在这一时期也有了新的发展，主要体现在佛塔上，其次就是桥梁。宋朝时大多是砖石结构的塔，木结构的塔已经很少。辽国受宋的影响，塔的建造也开始大量采用砖石结构，不过仍然有一些木结构的塔。比如我国保存下来的唯一的纯木结构大塔——山西应县佛宫寺释迦塔，就是辽代所建。

辽宋时期园林建设也十分兴盛，当时的统治阶层生活奢靡，建造了大量的宫殿园林。宋朝的贵族官僚在退休之后，大多会选择去洛阳养老，于是在唐朝就已经大肆兴建园林，此时更是数不胜数。那时的统治阶层奢靡成风，自上而下争相建造园林，甚至花费大价钱从各地采集奇花异石。宋徽宗在宫城东北建造园林时，竟然调运漕运船输送江南的名花异石，这也是历史上有名的荒唐事件。南宋时期，统治者偏安一隅，生活更加腐败，在江南等地大量建造园林宫殿，这种奢华的生活最终也导致了南宋的灭亡。

第二节　六和塔——木檐阁楼式塔

六和塔位于杭州市西湖南面的月轮山上，始建于北宋开宝年间，是由一处私园改建的。后来六和塔在战火中损毁，遗存下来的砖结构塔身，是南宋绍兴年间重建的。明正统年间，重修了顶层和塔刹。清光绪年间，又重修了外面的木结构。关于“六和塔”名字的由来，有很多说法，最多被采信的解

释是取道教中的“六合”，即天、地和东、南、西、北四方。

六和塔塔基为八角形，塔身高约60米，雄伟壮观，站在塔上，可以直接观望钱塘江。六和塔的外面有13层木檐，而内部则只有7层，是砖石结构的，每一层的中间都有一个小室，为柱子、斗拱的仿木结构。塔内的7层中有6层是封闭的，只有一层与塔身的内部相通。这样一来，塔就分成了外墙、回廊、内墙和小室四个部分，构成内外两环。

塔的内环是塔心室，在四面的墙身上开有门，因为墙厚达4米，所以进门后，就形成了一条甬道，穿过甬道，里边就是回廊。内墙的四边也有门，

▶六和塔初建于北宋开宝三年（970年），濒临钱塘江、背依月轮山，是中国楼阁式塔的杰出代表。

门与门之间凿有壁龛。每个门的门洞内也由于壁厚关系形成了甬道，甬道直通塔中心的小室。在壁龛里面嵌有一些石刻，刻的是《四十二章经》。《四十二章经》是《佛说四十二章经》的简称，为佛教经典，内容是把佛所说的某一段话称为一章，将其中的42段话编集成《四十二章经》。塔中心的小室为仿木建筑，原本是供奉佛像所用。

六和塔中多处设有须弥座，如壁龛下或者内壁上。须弥座上多有砖雕，内容丰富多彩，比如盛开的石榴、荷花，奔跑的狮子、麒麟，翱翔的凤凰、孔雀，等等。这些砖雕十分符合《营造法式》上的描述，为古建筑研究提供了珍贵的实物资料。

六和塔的建造缘由和其他普通佛塔的不同，它并非单纯因为佛教原因而建，而是为了镇压钱塘江潮。据说一位叫智觉禅师的和尚看到钱塘江潮水肆虐，给沿岸百姓带来很多灾难，便开始在月轮山建造佛塔，用来镇压江潮。建成之后的塔有九级，高50多丈，里面还珍藏有舍利子。传说在六和塔建成之后，钱塘江潮果然不再肆虐，沿江百姓深受其福。而且在建六和塔之前，江上的渔船、航船经常发生事故，而六和塔建成之后，塔上的灯光可作为引航之用，大大减少了江上船只发生事故的概率。

除了镇压江潮和引航之用，六和塔还是极佳的观赏钱塘江大潮的地方。钱塘江畔观潮的风气一直长盛不衰，每年都有大量游人前去观赏，而选择一个好的观潮位置，则极为重要。自宋朝时候，六和塔便成了观潮的圣地，宋朝的郑清之曾有诗句描述自已无缘登塔的遗憾："径行塔下几春秋，每恨无因到上头。"

第三节　独乐寺——承唐风启宋营

独乐寺又叫大佛寺，位于天津市蓟州区城内西大街，为辽代所建，是中国仅存的三大辽代寺院之一。

独乐寺里的建筑大致可分为三个部分，中间是寺庙的主要建筑，由山门、观音阁、东西配殿等组成，两边分别为僧房和行宫。

山门为独乐寺大门，面朝南，面阔三间，进深两间。山门梁柱很粗，柱身不高。屋顶为五脊四坡形，古代称之为“四阿大顶”，正脊的两边刻有鸱吻。相传鸱吻是龙的九子之一，中国古代建筑经常用其来装饰屋脊。现在某些建筑仍在沿用这种装饰，而在古代建筑物中，屋脊上的兽形装饰只有官家才能拥有。

山门的正中悬有“独乐寺”匾额，据传为明代严嵩所写。山门中间是穿堂，两边塑有哼哈二将，看上去非常威严，两边山墙上绘有彩绘。

山门的后面就是观音阁，观音阁是我国现存最古老的木结构楼阁，为三层的木构楼阁，但是从外面看的话，却是一座两层的阁楼，这是因为阁楼中的第二层是暗层，外观看不出与第三层的分隔。阁楼面阔五间，进深四间，斗拱全部采用榫接方式，共计24种，未使用任何钉子。观音阁的中间有一座造型精美的观音像，高16米，是中国现存最大的泥塑像。三层楼阁的中间均为空井，塑像穿过空井直达屋顶。塑像头顶还塑有10尊小佛像，所以也被称为“十一面观音”。由于台基低矮的缘故，阁楼的各层柱子都稍稍往里倾斜，柱子上建歇山式屋顶，下檐上则建有平坦的基座，这种造型兼具了唐代和宋代的风格。

韦驮亭是一座尖顶的八角亭，亭内有韦驮像，位于观音阁北面。韦驮是佛教护法天神，相传在佛祖涅槃时，有恶魔抢走佛的遗骨，韦驮急忙追赶，取回了佛骨，之后他成为护法天神。韦驮亭内的韦驮像表情严肃，双手合十，把金刚杵抱在胸前。在民间有一种说法，就是韦驮的不同姿势表示对行脚僧不同的态度：若韦驮像双手合掌，表示寺里欢迎行脚僧挂单；韦驮像将金刚杵触地，则表示寺里实力雄厚，可以承受行脚僧挂单常住；若韦驮像将金刚杵扛在肩上，则表示寺里不欢迎行脚僧挂单。不过这种说法并没有依据，大部分寺院还是欢迎行脚僧的。

白塔是位于独乐寺向南300米的一座塔，虽然不在独乐寺内，但是与独乐寺有紧密的关系。建筑学家梁思成对独乐寺进行考察的时候，一并考察了白塔，他认为："塔之位置，以目测之，似正在独乐寺之南北中线上，自阁远望，则不偏不倚，适当菩萨之前，故其建造，必因寺而定，可谓独乐寺平面配置中之一部分。"

白塔为八角形平面，外观分须弥座、塔身、覆钵、相轮和塔刹五部分。须弥座大约6米高，为八角形，下半部分是由花岗岩条砌成，上面为覆盆形砖结构，作束腰形式，束腰的地方用砖砌了24个壶门，壶门上雕刻了很多乐伎舞者的浮雕。在8个转角处还分别刻有力士雕像，这些力士双手上举，好像在努力支撑着塔身。

塔身置于须弥座上，下面8个角各有一座砖雕小塔，是象征释迦牟尼"八大成就"的功德塔，在塔身周围还刻有佛教偈语。

塔身上有一个半球形的台座，肩部雕刻16个悬鱼。再往上是巨大的十三天相轮和塔刹。建筑设计者巧妙地将亭阁式、密檐式等几种形状结合为一体，至今这样的建筑在中国也是十分罕见的。

第四节　隆兴寺——河朔名刹

隆兴寺位于河北省正定县城内，始建于隋朝，当时称“龙藏寺”；唐朝时改名为“龙兴寺”；至宋朝时，宋太祖赵匡胤下令对其进行扩建，使其成为规模宏大的建筑群；至清朝时，康熙皇帝怕正定出天子，于是将“龙兴寺”改名为“隆兴寺”。

隆兴寺坐北面南，寺内建筑主要沿南北中轴线分布。隆兴寺没有山门，最前面是一座琉璃照壁，经三路单孔石桥之后，依次是：天王殿、摩尼殿、戒坛、慈氏阁、转轮藏阁、康熙御碑亭、乾隆御碑亭和大悲阁等建筑。其中天王殿、摩尼殿、慈氏阁、转轮藏阁是寺内保存最为完整的四座宋代结构风格的殿宇。在寺院东北方向的围墙外面，有一座龙泉井亭。寺院的东面设有方丈院、雨花堂、香性斋，是住持和僧徒们居住的地方。

隆兴寺的琉璃照壁东西长20余米，高约7米，两面和顶端均镶嵌有绿色琉璃瓦。照壁的前后心都是菱形，中间有二龙戏珠绿琉璃浮雕，两条龙的姿态及情态均极生动。关于照壁上的两条龙，还有一个传说。据说正定城南有一条湍急的河流，人们为了过河，便在两岸连接了两条铁链，谁知后来铁链变为两条龙，幸好被张天师擒住。当时正好修建隆兴寺的人忘记了修山门，便建起了这座照壁，将两条龙镇压在照壁上，免得寺庙因为没有山门而被人笑话。

过了照壁和一座三路单孔石桥之后，就可以看到天王殿，殿内是由7根檀木柱子做支撑。墙壁上有圆拱形大门，门上部横嵌着康熙皇帝亲书的“敕建隆兴寺”的金字匾额。

天王殿的后面是摩尼殿，两殿同在主轴线上。摩尼殿始建于宋仁宗时期，为隆兴寺内的重要建筑。这座大殿有很多奇特的地方，在历史文化研究方面有很大价值。首先是大殿结构，大梁采用了抬梁式木结构，平面为十字形，这种结构非常奇特。殿顶中央为重檐顶，瓦边用的是绿琉璃，檐下有宽大的绿色斗拱。

殿内供奉的是释迦牟尼像，四周墙壁上绘有许多壁画，内容均为佛教故事。摩尼殿另一个比较奇特的地方，便是大殿北壁的“五彩倒坐观音”壁画，人们将其称为寺中一绝。“倒坐”是指观世音不坐在大殿正面，而在后壁倒坐，表明观世音菩萨誓要度尽众生的决心。这幅观音倒坐壁画上的观音像改变了以往佛像刻板的形象，而变得生动起来，看上去更像是一位世俗的美女子。

摩尼殿再往北是一座木结构牌楼门，其作用是区分前后两个院落。牌楼后面是一座戒坛，为僧徒受戒所用。戒坛为木结构，是一座亭台式的建筑，坛内供奉铜铸双面佛像。

大悲阁是隆兴寺的主体建筑，为五重檐三层楼阁。阁内有一尊高大的铜铸大菩萨，称为“大悲菩萨”。“大悲菩萨”又称“千手千眼观音”，周身有42只手臂，铸在2.2米高的须弥石台上，高19.2米。根据寺里的一块宋碑记载，其铸造过程分为九个步骤，第一步是铸好基础，然后分七节铸造，第一节铸下面的莲花座，第二节铸到膝盖，第三节铸到脐下，第四节铸到胸部，第五节铸到腋下，第六节铸到肩膀，第七节铸到头部，最后一步是添铸42只手臂，最终就形成了“千手千眼观音”。

转轮藏阁始建于北宋，内部有一个木制的大转轮藏。转轮藏是一种可旋转的大书架，主要用来装载佛经。此阁内的转轮藏直径有7米，整体分为藏座、藏身、藏顶三部分，中间用一根木轴贯穿。这个转轮藏体型较大，是我国现存最早的一个转轮藏。转轮藏阁的梁架结构非常奇特，楼阁下层因为要安置转轮藏，梁柱并没有采用通常的布局方式，而是采用了移柱造的方式，移柱造是指移动一些柱子的位置，来增加或减少柱距，以满足空间需求。

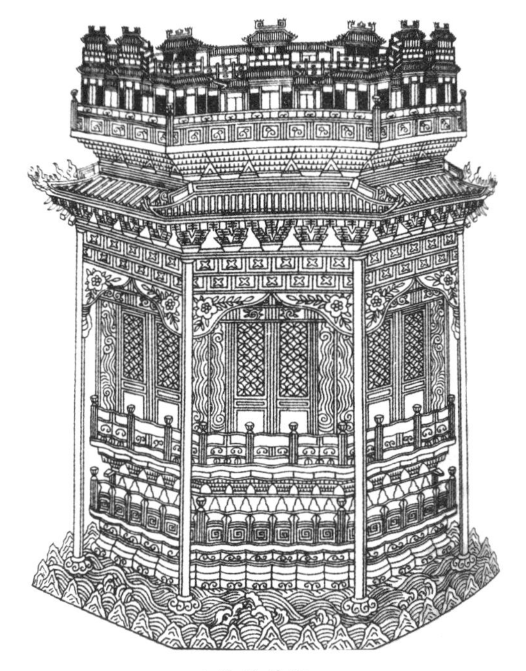

▲转轮藏阁。

第五节　释迦塔——世界三大奇塔之一

释迦塔又叫应县木塔，位于山西省应县县城内的佛宫寺内，其全身皆为木制构件，是世界上现存最老、最高的全木结构塔式建筑。

佛宫寺始建于辽代，后来几经重修，现存的大部分建筑都是明清重建的，辽代所建的只剩下了释迦塔。

释迦塔总高67.31米，单是塔刹就高10米左右。塔为八角形平面，整体比例十分协调，看上去非常稳重。木塔外观有一个非常引人注目的特点，就是整座塔共用了54种斗拱，可看作斗拱形式的大集合。

整座塔由塔基、塔身、塔刹三部分组成。塔基高约4米，分为上下两层，下层为方形，上层的角石上都雕有狮子，属于辽代所建。

释迦塔的塔身为八角形平面，从外面看为五层，实际高九层，其中有四层是暗层。第一层内有一座高约10米的释迦佛像。四周的墙壁上画有如来佛、金刚等画像；第二层是一个方形坛座，上面塑有佛像和菩萨；第三层的坛座上塑有四方佛；第四层和第五层也都塑有佛像。

释迦塔的塔刹由基座、仰莲、相轮、圆光、仰月、宝盖、宝珠组成，均是铸造而成。刹下有砖砌的莲台式基座，制作非常精良。

释迦塔作为世界上最古老的木结构佛塔，经历了近千年的风雨洗礼，另外还经受过地震，那么是什么保障木塔千年不倒呢?

◀世界现存最高的木塔——应县木塔释迦塔。

从现代科学角度来看，木塔的结构是非常符合力学原理的，卯榫的接合是一种刚柔并济的连接方式，这种结构可以在很大程度上消耗掉外界施加在塔上的能量，起到减震的作用。另外，斗拱结构也可以很好地起到耗能减震的作用。斗拱是一种柔性连接，在受到外界冲击的时候，斗拱木结构间的位移可以抵消掉相当一部分能量，同时调整塔的变形，使得塔不致承受过大的力。斗拱与梁枋等构件组成的结构层，还可以使塔的内外两层结合为一个刚性整体。这样一柔一刚，大大增强了塔的抗震能力。

释迦塔的双层结构也是其能有如此长寿命的重要原因。一般古塔采用的都是单层结构，而释迦塔则是采用两个内外相套的八角形，成为双层结构。内层供奉佛像，外层供人员活动。两层之间又用梁、枋等结构连接，组成一个刚性很强的双层套桶式结构。这在很大程度上增强了木塔的抗震能力。

另外，塔中的四个暗层从外看是起普通装饰作用的斗拱平座结构，在里面看却是非常结构层。在历代的加固过程中，暗层内又增加了许多斜向的支撑，这种结构类似于现代的钢架结构。这种结构层具有很好的力学性能，可以有效抗震。

第六节　宋代经幢——石雕艺术之精华

经幢是一种纪念性建筑，一般为八角形柱，上面镌刻经文，用以宣扬佛法。经幢最早出现于唐朝，宋辽时期更加兴盛。其结构通常分为基座、幢身、幢顶三部分，宋代的经幢比唐代要高一些，体型显得瘦长，幢身一般分为多段，装饰也比唐代华美许多。比较有名的宋代经幢有河北赵县陀罗尼经幢和湖南常德铁经幢等。

河北赵县的陀罗尼经幢是一座典型的宋代经幢。该经幢全部用花岗岩石雕琢叠砌而成，看上去有些像塔，因此当地称其为“石塔”。整座经幢通高18米，是我国现存经幢中最高的一座，其由基座、幢身和幢顶宝珠三部分组成，刻有陀罗尼经文。

陀罗尼经幢的基座共有3层。底层是方形束腰式台基，束腰处有金刚力士和“妇人掩门”雕像。台基上是两层的八角形须弥座，第一层的每一面均雕有三尊菩萨坐像，中间束腰部分雕刻有房屋、宝塔、仙山等，第二层刻有盘龙，上面为八座须弥山峰，峰中有丰富的建筑、人物等内容。

经幢幢身为八棱形，共分六段。第一段正面刻“奉为大地水陆苍生敬造佛顶尊胜陀罗尼幢”18个大字，其他七面刻陀罗尼经文；第二段幢身刻有楷书经文；第三段刻有释迦游四门的故事；第四段是由屋檐与佛龛构成的八角形小殿；第五段是八角形的雕饰；第六段是一个八角亭。幢身各段之间用八棱形华盖或幢檐分隔，每一层华盖都雕有佛教故事和神兽等内容。幢身直径从下到上呈递减趋势，各段高度也递减，逐渐收束。

经幢的幢顶由莲、覆钵和宝珠组成，其中宝珠为桃形铜制，看上去像一团火焰。不过这些都已经不是宋代原物了。

湖南常德的铁经幢由白口铁铸成，为空心圆锥形，外观类似于宝塔。铁经幢原本位于常德市德山孤峰岭下乾明寺的左侧，但是乾明寺已经被毁，于是铁经幢便被迁到市内滨湖公园的湖心岛上。

铁经幢建在一个八角形的石基上，高4.33米，幢身共分20层。第一层为金刚力士雕像；第二层下面为四龙四狮，中间为十尊释迦牟尼像，上面是莲花雕饰；第三层到第五层刻有《般若波罗蜜多心经》全文，以及捐建人的官职姓名；第六层中间铸有圆拱门，周围有莲花纹；第七层铸有象征东、西、南、北、中五个方位的五方法轮；第八层和第十一层的上部有出檐；其余各

层之间有短檐。

在佛教研究中，铁经幢是非常重要的资料，因为一般的经幢都是用石头雕刻，而用生铁铸成的经幢则非常少见。

第七节　岳麓书院——千年学府

岳麓书院为中国古代四大书院之一，位于湖南省长沙市的岳麓山上，始建于北宋开宝年间。如今的岳麓书院已成为湖南大学的下属机构，仍然面向全球招生。

▲岳麓书院历经多次战火，弦歌不绝，曾七毁七建，现存主要建筑是清朝遗构，世称“千年学府”。

岳麓书院现存的建筑很少有宋代原物，大部分为明清所建，主要有大门、二门、讲堂、御书楼、文庙等。

岳麓书院的大门前有十二级台阶，上了台阶之后，是一对方柱。大门的梁上绘有游龙戏太极的图案，顶上有沟头滴水及空花屋脊。大门门额上有匾额，上书“岳麓书院”四个大字，是宋真宗亲笔所写。大门的两边悬挂着一副对联：“惟楚有材，于斯为盛。”意思是楚国盛产人才，而岳麓书院则是英才齐集的地方。

进入大门之后是二门，门框为花岗岩质地，两旁有条过道。门的两边也有对联：“纳于大麓，藏之名山。”意思是岳麓书院掩映在雄伟浩瀚的岳麓山中。

讲堂是书院的中心，用来进行讲学、会讲等活动。南宋乾道年间，著名理学家张栻、朱熹便曾在此举行“会讲”。为容纳尽量多的人，讲堂设计成了开间的形式，为五开间，每两根柱子之间构成一间。讲堂面对庭院敞开，可以让更多的人参加活动。

在讲堂大厅的中间，挂有两块镏金大匾。一块上面刻的是“学达性天”四个字，为康熙皇帝所写，旨在弘扬理学，康熙所书原匾已经被毁，现在的匾是依康熙字迹重刻的；另一块匾上写着“道南正脉”四个字，为乾隆皇帝原迹，确定了岳麓书院在理学传播中的领导地位。

讲堂壁上嵌着很多碑刻，如朱熹手迹“忠孝廉节”碑、清代王文清手迹“读书法”。刻在讲堂屏壁上的《岳麓书院记》，是岳麓书院的育人原则，为南宋乾道二年（1166年）书院主教、著名理学家张栻所写，其背面是岳麓山全图。

御书楼是岳麓书院收藏书籍的地方，也叫藏书楼。御书楼是岳麓书院的初始建筑，后来宋真宗赐书岳麓书院，便改名为御书阁。御书楼在岳麓书院中轴线上，处于岳麓书院的最高位置，是一座三层的木质结构建筑。御书楼

最主要的功能就是藏书，万卷经藏，足以看出书籍知识的重要性。

岳麓书院的建筑大都风格朴实，很少施以彩绘。其中有不少地方体现了湖南的地方特色，比如用水将各部分建筑连接起来，使其在庄严中又显灵动。

第八节　永昭陵——地形堪舆，山水风脉

永昭陵是北宋第四代皇帝宋仁宗赵祯的陵寝，位于河南省巩义市。北宋帝陵有“七帝八陵”，永昭陵为其中之一。北宋的九个皇帝，除徽、钦二帝死在漠北外，其余七个皇帝均葬于此处，还有宋太祖赵匡胤父亲的陵寝。除了这8座主要陵寝外，还有100多处皇后陵和陪葬墓。

永昭陵是北宋帝陵中规模较大的，占地500余亩。据记载，为修建永昭陵，花费了北宋国库半年的收入，同时征调了几万人参与修建，历时7个月建成。陵园的建造很符合风水地形学说，傍山依水，东南高、西北低，兼有神道石刻群。

永昭陵的四面各有一座大门，南门为正门。从南门进入陵区，是一条宽阔的神道。陵区分为内城和外城，内城也叫宫城。神道可直达陵区的第一道大门——雀台，经过雀台之后，是第二道大门——乳台，然后便可经过第三道大门神门到达内城。

永昭陵的地面建筑原本非常宏伟，但是经过了千年的风雨和战乱，如今地面的原迹只剩下了一些石雕石刻，其他的地面建筑均为现代重建。南宋时期，一位叫郑刚中的官员去陕西上任，途经永昭陵，据他自己所著的《西行道里纪》一书记载，当时的永昭陵“因平岗种植松柏成道，道旁不垣，而周

▲永昭陵的雕刻石像特别精美，主要有人像、大象、羊等。

以枳橘，陵四周阙角楼观虽存，颠毁亦半……陵台二层，皆植松柏。层高二丈许……下宫者乃酌献之地。今无层，而遗迹历历可见……陵下宫为火焚，林木枯立”。由这些记载可见，当时的永昭陵就已经损毁相当严重了。

永昭陵地面建筑保存下来的有鹊台、乳台等建筑基址，还有神道两旁的石雕像群。石雕像有东西对称的石人13对，石羊2对，石虎2对，石马2对，石朱雀、石象和石望柱各1对，这些石刻雕刻得非常精美，人物勇猛威武，看上去在忠实地守卫着陵寝，动物则俊秀灵动，可说是雕刻艺术中的精品。

通过对鹊台和乳台遗址的发掘，可知两鹊台在陵园的最南面，台基是由黄土夯筑而成，外围砌有青砖。西面鹊台保存得相对比较完好，由长条砖块砌成，为长方形平面，由下到上渐渐收束。乳台在鹊台和神道石雕像之间，也是夯土加砖块包砌。后陵位于帝陵的后面，规模比帝陵要小一些。

北宋帝陵的其他7座陵墓和永昭陵的形式大体相同，都有比较大的陵台，神道两侧有石像群。现在的永昭陵和永厚陵已修建为宋陵公园。

第七章　元明时期建筑群规模宏大

元明时期处于封建社会的中晚期，建筑技术和水平上基本没有新的发展。这一时期的建筑样式，大都继承宋代，无显著变化，但建筑的规模以宏大、雄伟著称。比如北京故宫、天坛，都是规模宏大的建筑群，明十三陵更是世界上现存的规模最大、帝后陵寝最多的一处皇陵建筑群。同时，这一时期封建贵族和地主阶级的生活更加奢靡，兴建了许多园林，著名的有江苏的寄畅园、留园和拙政园，形成了特有的江南园林风格。

第一节　元明时期的建筑特征

元明时期，封建社会已经开始由盛转衰，不管是政治、经济，还是文化、艺术发展都比较迟缓，甚至还会低于以前的水平。受大环境的影响，建筑的发展也止步不前，尤其是元朝时期。

元朝是蒙古贵族建立的，在进入中原之前，他们一直过着游牧生活，民风狂放，文明程度较低。蒙古军入侵中原时，每占领一座城池都会对城里的百姓和俘虏展开大规模屠杀，还强占耕地改为牧场，大量掳掠农民和手工业者为奴，使农业和工商业遭到严重破坏。而社会经济的凋零在建筑上也得到了体现。因为木材不足，建筑方面不得不减少木料的使用，比如用料粗糙草率、简化木构件、用弯曲的木料做梁架；取消连接立柱和横梁的室内斗拱或减小斗拱的用料；在大型的建筑中采用减柱法，也就是大量减少起支撑作用的柱子，等等。因此元朝的建筑虽大体上延续宋金的传统，但是和两宋时结构繁复、装饰华丽的建筑相比，还是相差甚远。

减柱法只是单纯减少了起承重作用的柱子，并没有再为其加强建筑的稳固性，这种做法的确节省了木料，加强了木构件的整体性，但最终证明是不合理的。比如，山西洪洞的广胜下寺是元朝佛教建筑遗迹，正殿采用减柱法减少了6根柱子，后来因梁架跨度大又不得不补加柱子用来支撑。

另外，元朝统治者笃信宗教，元朝时各种宗教都有所发展，宗教建筑兴盛异常。特别是藏传佛教——喇嘛教，在得到统治者的推崇后，很快就从西藏扩散传播到内地，于是内地也出现了与喇嘛教相关的建筑，比如北京西四的妙应寺白塔，便是建于元朝大都内的一座喇嘛塔。从此，喇嘛教佛塔在我国佛塔的建筑中就占据了非常重要的地位。

元朝末年，政治黑暗，统治残暴，引起了百姓的反抗。在元末农民大起义的基础上，明朝得以建立。明朝建立之初，为了巩固自己的统治，统治者推行了促进工商业、奖励农垦、减轻赋税等发展生产的政策，社会经济和文化迅速发展起来。随着经济文化的发展，建筑方面也取得了不小的进步。

明代时，建筑中开始应用空心墙体，大大减少了砖的使用量，推广了砖墙在民居中的应用。元代之前，砖主要用在铺地，或是砌筑墙基和基台上，普通百姓的房子主要是土墙。同时，明代的制砖业不论是规模，还是生产效率都有所提高，制作出来的砖质量也有所进步。随着砖的生产和应用推广，出现了一种全部用砖拱砌成的建筑物——不设木梁的无梁殿。这种建筑因为有防火的作用，因此多建于皇室存放卷宗的地方，或是佛寺的藏经楼，如建于明代中期的南京灵谷寺、苏州开元寺的无梁殿。

在木构件方面，明代时木制斗拱在建筑框架中的作用减小，构件造型简化，梁柱的整体性加强，形成了新的定型的木构架。其实这个趋势，在元代时已经显露，到了明代已经固定下来，并真正推广开来。虽然斗拱作为建筑结构的作用减小了，但是其作为装饰构件的作用却被放大了，尤其是在宫殿和庙宇建筑中，为了追求富丽堂皇，斗拱做得更加繁复，以致设置成了建筑结构上的累赘。

明代官式建筑一改唐宋时期的活泼开放，在外形上趋于稳重，在装饰装修方面也越来越固定化。安装的门窗、格扇，室内屋顶都有了固定的样式，就连砖石上雕刻的花纹的图案也越来越程式化。这种模式化方便了批量生产，可以加快施工速度，但是也使建筑的形象千人一面，缺少变化。

明代江南一带，经济发达，文化水平较高，官僚地主众多，私家园林建筑特别兴盛。此时的园林都是建筑套建筑，且多选奇石假山布置，比如江苏

的寄畅园、留园和拙政园。

在建筑群的修建上，明代更加注重利用地形和环境，营造建筑的氛围，在布局上更为成熟。另外，明代时风水对建筑的影响已经达到极致，尤其对于建筑的选址问题上，在施工之前，往往会询问风水师的意见。不只是民间，就连佛寺或是帝王陵墓等大型建筑都会受风水影响，比如明成祖朱棣修建北京长陵时，就曾请风水师来参与地址的选择。

明代时，各地民间建筑也发展迅速，出现了木工的专业用书《鲁班营造正式》，书中记录的明代民间房屋和家具的资料十分珍贵。这里不得不说一下明代的家具，苏州产的家具是明代家具的典型代表，因为做工精细，外形大方而不失秀美，漆面与木材的色泽纹理融为一体而享有盛誉。

第二节　妙应寺白塔——藏式喇嘛佛塔

妙应寺，俗称白塔寺，位于北京市西城区，是一座藏传佛教格鲁派寺院。该寺始建于元朝，初名“大圣寿万安寺”，寺内建于元朝的白塔是中国现存年代最早、规模最大的喇嘛塔，在当时的大都城内，体型如此高大的单体建筑是很少见的。

白塔最早出现在古代印度，名为“窣堵坡”。后来佛教传入东方，窣堵坡这种建筑形式也随之在东方扩散，并且结合东方建筑的风格，逐渐形成了一种带有东方特色的传统建筑。窣堵坡传入中国后，与中国的重楼建筑相结合，同时受到临近区域的建筑体系的影响，逐步形成了结构丰富各异的塔系，比如楼阁式塔、金刚宝座式塔、宝箧印式塔、覆钵式塔，等等。随着建

◀北海公园的白塔是一座藏传喇嘛塔，白塔上圆下方，为须弥山座式，塔顶设有宝盖、宝顶，并装饰有日、月及火焰花纹，以表示“佛法”像日、月那样光芒四射，永照大地。

筑技术不断发展进步，塔的建筑平面不再是单一的正方形，出现了六边形、八边形乃至圆形的塔，建筑结构也越来越合理。佛教自传入中国，就被历代统治者利用来统治人民，元朝时，皇室特别尊崇藏传佛教，因此元代所建佛塔多为藏式喇嘛塔。

妙应寺白塔是在辽佛塔的基础上重建的。辽佛塔建于1096年，后来毁于战火。忽必烈决定定都大都后，下令在辽塔遗址的上重新建造一座喇嘛塔。当时，尼波罗国（今尼泊尔）工匠阿尼哥因修复了一尊损坏时间很长的铜人像，技艺备受推崇，后大寺庙建塔、造像及重要画塑、铸镂等工事基本都会委任给他。1271年，忽必烈授命阿尼哥主持佛塔的修建。1279年，经过8年的设计和施工，白塔终于建成，后随即迎请佛舍利入塔中。同一年，忽必烈又下令以塔为中心兴建一座佛寺，并命名为“大圣寿万安寺”，1288年寺院落成。寺院位于大都城西，因此又称“西苑”。史书称，当时寺院面积达16万平方米，是根据塔顶处弓箭的射程决定范围的。但是据推测，建寺时受街道和周围建筑物位置限制，当时的白塔寺和今日白塔寺南北向的范围是基本相同的。

寺庙由四层殿堂和塔院组成。白塔立于塔院正中，全名为释迦舍利灵通宝塔，因通体皆白，故俗称“白塔”。这是一座砖石结构建筑，由塔基、塔身和塔刹三部分组成。

塔基分为三层。最下层为方形的护墙，台前有一通道，前设台阶，可直接登塔基最上层。上、中两层为须弥座式台基，平面呈“亚”字形，四角向内收。上层平盘挑出的部分，设置了巨大的圆木作为支撑，以增加砖石结构的承重力。明代时，在基座顶层的四周添置了一组铁灯龛。塔基中央是形体雄浑的巨型莲座，莲瓣是用砖砌雕塑而成。莲座外环有五道金刚圈，以便承托塔身。

塔身形如宝瓶，有7条铁箍环绕，上有呈“亚”字形的小须弥座。再往上

竖立着下大上小，呈圆锥状的十三重相轮，称作“十三天”。相轮起到塔座到塔刹之间的过渡作用，它的数目代表塔的级别，十三天是等级最高的塔。在相轮顶置直径9.7米的巨大华盖，华盖底有厚厚的木料做成，上覆铜板、铜瓦做成40条放射形的筒脊。华盖四周均匀悬挂36片铜制透雕的流苏，每片上面都挂着一个风铃，只要有微风吹动，风铃就会发出悦耳的响声。

塔刹位于塔顶，高5米，重4吨。一般佛塔的塔刹为仰月或宝珠形，而此塔的塔刹仍然是一座小型喇嘛塔，并以铜镀身，与白色的塔体对比鲜明，算是最忠实地再现了窣堵坡这种佛教建筑形式。在塔刹上还有一则元代的题刻，为研究此塔提供了重要的历史资料。

对于营建元大都城来说，大圣寿万安寺是一项非常重要的工程。寺院落成后，便成了元朝的皇家寺院，是元皇室在京城进行佛事活动的中心，朝廷每年定期举行的重大朝仪都是在这里演习的，百官学习和译印蒙文、维吾尔文佛经也都是在这里进行的。忽必烈去世后，白塔两侧曾建神御殿供奉其画像，以供祭拜。元贞元年（1295年），元成宗铁木真亲自主持了一场“国祭日”的佛事活动，得到饭食布施的僧人有7万多人，白塔寺可谓盛极一时。

但是，元贞二十八年，白塔寺遭一场特大雷火袭击，所有殿堂都被烧毁，仅剩白塔幸免于难。明朝时，明宣宗曾下令维修白塔，重建寺庙，寺庙建成后改名为“妙应寺”。清朝，寺院又几经修葺，现仅白塔为元代所建。

第三节　成吉思汗陵——气势雄浑

在内蒙古鄂尔多斯市伊金霍洛旗甘德利草原上，屹立着一座蒙古包似的宫殿，它就是一代天骄成吉思汗的陵园——成吉思汗陵。

成吉思汗是宋朝至元朝年间蒙古杰出的军事家、政治家，原名铁木真，“成吉思汗”是对他的尊称，是“拥有海洋四方的大酋长”“像大海一样伟大的领袖”的意思。他一路征战，统一蒙古，建立了蒙古汗国。此后他还多次发动对外的征服战争，一度将版图扩大到了中亚和东欧地区，曾被西方一些人称为“全人类的帝王”。1227年，成吉思汗在征讨西夏时死于军中，时年65岁。

传说，成吉思汗在征讨西夏时路过鄂尔多斯，看到这里水草丰美，花鹿出没，是一块风水宝地，便嘱咐部下，等他去世后将他葬在这里。成吉思汗去世后，运送其灵柩的灵车走到鄂尔多斯时，车轮突然陷进沼泽里，怎么都走不出来，因此人们将他的毡包和衣物安放在这里进行供奉。这只是一个传说，实际上蒙古族盛行“密葬”，所以成吉思汗真正被埋葬在哪里，始终是个谜。现今的成吉思汗陵只是一座衣冠冢，而且成吉思汗的衣冠还经过多次迁移，直到1954年才迁回故地伊金霍洛旗。

成吉思汗陵占地约55000平方米，虽然规模不算大，但颇具特色，加上陵园位于广阔的草原中，所以更显得雄伟而神秘。成吉思汗陵整体的造型，就像一只展翅欲飞的雄鹰，具有典型的蒙古民族的艺术风格。陵内的主体建筑是由三座蒙古式的大殿组成，它们之间由廊房相连，因此整座陵园可以分为正殿、寝宫、东殿、西殿、东廊和西廊六部分。

进入大门后，首先是一座成吉思汗骑马的雕像，这一雕像高21米，高高的白色底座上是铜质的雕像，成吉思汗骑在一匹骏马上，手持“苏勒定”，凝望着前方。“苏勒定”是蒙古大旗上的铁矛头，成吉思汗生前，在南征北战中用它指挥千军万马。整座雕像展现了成吉思汗征战沙场时的风姿。雕像后面向北延展的是一条长长的有多层台阶的路，这是成吉思汗圣道，由它可以到达陵宫。

正殿高26米，平面是八角形的，白墙朱门，重檐蒙古包式殿顶，房檐则为蓝色琉璃瓦，穹庐顶上则是黄色琉璃瓦，蓝、黄搭配，避免了单调。黄色琉璃瓦在阳光照射下，金光闪闪，十分高贵华丽。穹顶上部雕砌成云头花，这是蒙古民族所崇尚的图案。正殿内正中摆放着成吉思汗雕像，雕像高5米，成吉思汗身上穿着盔甲战袍，腰中佩戴着宝剑，端坐在大殿中央，英明神武。塑像背后是一幅“四大汗国”的疆图，显示着当年成吉思汗统率大军征战中原、中亚和欧洲的显赫战绩。后殿则是寝宫，在这里安放着成吉思汗三位夫人的灵柩以及成吉思汗的衣冠。它们供奉在四个用黄缎罩着的灵包中。灵包前摆放着一个大供台，台上除了放置着香炉和酥油灯等祭奠之物外，还有成吉思汗生前用过的马鞍和一些珍贵的文物。

东、西两殿在正殿左右，高23米，比正殿稍低，平面是不等边的八角形，也是白墙朱门，与正殿的重檐穹顶不同，配殿是单檐穹庐顶，顶上也铺有黄色琉璃瓦。东、西两殿供奉着对蒙古族有影响的重要人物。东殿安放着成吉思汗的四儿子拖雷及其夫人的灵柩，拖雷生前曾继承了父亲成吉思汗的大部分军队，也曾做过监国，在君主外出或不能亲政时代理朝政。而且他是元世祖忽必烈的父亲，蒙古族后代的皇帝基本都是拖雷的子孙，所以他地位极为显赫。西殿供奉九面旗帜和“苏勒定”，九面旗帜象征着九员大将，“苏勒定”之所以被供奉起来，是因为它在蒙古人民心目中是十分神圣的，成吉思汗生前用它来指挥千军万马，传说成吉思汗死后，灵魂就附在了它上面。

在正殿与东、西两殿之间的是东西廊房，廊中绘有大型壁画，描绘着成吉思汗出生、东征、西征、统一蒙古各部等一生的重大事件。

在成吉思汗陵的东南角，有金顶大帐、选汗高台、射击场、赛马场、摔跤场等设施。金顶大帐是一座蒙古包式的行宫，殿内有成吉思汗宝座和画像。选汗高台高8米，是根据历史资料修建的仿古建筑。历史上牧民推选出可

▲成吉思汗陵。

汗时，可汗都要站在高台上，现在重新修建这座高台，使人们站在这里可以遥想当年可汗登基时的英姿。

现在的成吉思汗陵不仅供游人参观，还是蒙古族人祭祀的场地。祭祀成吉思汗陵是蒙古族最庄严、隆重的祭祀活动，简称祭成陵。蒙古族祭奠成吉思汗的习俗在忽必烈时就已成为惯例。现今鄂尔多斯伊金霍洛的成吉思汗祭典，就是沿袭古代传说的祭礼。成吉思汗祭祀一般分平日祭、月祭和季祭，都有固定的日期。每年阴历三月二十一日为春祭，祭祀规模最大，也最隆重，人们准备整只羊、圣酒和各种奶食品，在这里举行隆重的祭奠仪式。

第四节　皇史宬——一座真正的石头宫殿

皇史宬（chéng），又称表章库，是我国明清两代保存皇家史册的档案库。它位于北京天安门东边的南池子大街南口，占地8460平方米，建筑面积3400平方米，主要建筑有皇史宬门、正殿、东西配殿、御碑亭等，其中正殿是这座建筑的主体。

正殿坐北朝南，位于将近2米高的台基上，四周红墙相围。殿前门额正中高悬用满汉两种文字书写的“皇史宬”匾额。额枋用汉白玉雕成，上施描金旋子彩画。殿门5洞，均为两重。斗拱、门窗也都是汉白玉的。正前方面阔9间，有汉白玉护栏围绕。其外观采用的是象征尊贵的庑殿式屋顶，用黄琉璃瓦覆盖，屋顶正脊上吻兽相向，是建筑中最高等级的宫殿样式。正殿整个殿身是无梁建筑，大厅无梁无柱，屋顶为拱顶，南北墙厚分别为6.4米，东西墙厚分别为3.45米。正南有5座券门，每座约重2吨，两侧有对开的窗户，可以使空气对流。殿内有高2米的汉白玉石须弥座，上面陈列着152个铜皮包裹，饰以云龙纹的樟木柜，叫“金匮”，存放着皇家的圣训、实录与玉牒。

皇史宬为全砖石结构，这是它的一个重要特色。木料是必备的建筑材料，盖房不可能不用，建大殿更是必不可少，但是皇史宬的的确确就是一座石头宫殿。墙壁、台基由砖石砌成也许不足为怪，但是连门窗、梁坊、斗拱这类历来都是用木料完成的地方，也用的都是石料仿木石料。砖石既能防火，也能防潮，保护珍藏典籍使其免受损坏。

皇史宬是我国封建社会档案库房建筑的杰出代表。整个建筑设计完美，做工精良，既华贵，又实用，不但兼具了防火、防潮、防虫、防霉等功能，而且冬暖夏凉，温度相对稳定，极宜保存档案文献，是一座艺术性、科学性、实用性三者兼备的重要文物建筑。

皇史宬主要收藏的是皇族的玉牒，历代皇帝的实录、圣训（宝训）之类的皇家档案。这些档案均存放在金匮内。我国早在秦、汉时期，就已建立“金匮石室”制度保存档案。“金匮”是指铜制的柜子，“石室”是指用石头砌筑的房子，这样做都是为了永久保护珍贵文献档案，免受火灾损害。《汉书·高帝纪下》记载：“与功臣刻符作誓，丹书铁券，金匮石室，藏之宗庙。”之后历代都因袭秦、汉旧制，建有这类档案库，不过也各有所发展，只是多数已毁，如今只有皇史宬尚保存完整。

这座建筑始建于明朝嘉靖十三年（1534年），但其实早在42年前的弘治五年（1492年），内阁大学士丘濬就给皇帝上疏，提出收集历代典籍加以整理，为它们立档保存，以备推古知今。至于建造一个什么样的库房保存，他建议沿用古代“石室金匮”的方式，在紫禁城文渊阁附近，建造一所不用木料，全为砖石的重楼，上层置铜柜，存放皇帝实录以及记录国家大事的文书，下层置铁柜，保存皇帝的诏册、制诰、敕书，及内务府中用于编修全史的文书。不过，由于种种原因，这一建议在当时并未被采纳，但其大体勾勒出了皇史宬的雏形。直到嘉靖十三年，嘉靖皇帝下令要重新整理前朝皇帝实录，命大臣们商议建阁收藏皇帝的“御像、宝训、实录”。当朝吏部尚书、华盖殿大学士张孚敬等，这才再议建造“石室金匮”的事情。

最后，由内阁首辅张孚敬等议定，在南池子一带建造楼阁保存档案。南池子离紫禁城不远，便于保管和查阅，而且建在这里还可以使其融入其他宫苑建筑，成为一体。并在丘濬建议的基础上又做了很多调整，不建成重楼，而是仿效南京的斋宫，内外全用砖石，阁上敬奉的是历代皇帝像，阁下存放的是各朝皇帝的实录、圣训。这个建议得到嘉靖皇帝的批准。整个建造工程，用时两年，嘉靖十五年八月二十日，重新整理过的皇帝实录、圣训被安放其内，皇史宬正式开始投入使用。此后，隆庆年间曾再次修缮。清朝取代

明朝后，仍将皇史宬作为皇家档案库，嘉庆年间也曾多次修护。皇史宬殿内有明代金匮20台，清雍正时增加到31台，同治时为141台，光绪时为150多台，清朝时还存放过107颗将军印信和《大清会典》等。

据崇祯朝进士孙承泽《春明梦余录》记载，“皇史宬”的名字，是由嘉靖皇帝决定的。皇史宬初建时，为的是敬奉皇帝像，所以拟定的名称是“神御阁”。工程竣工后，嘉靖皇帝又决定用这一建筑专门存放皇帝的实录和圣训，并另修殿堂敬奉皇帝画像，因此将“神御阁”更名为“皇史宬”。其中“史”字、“宬”字的写法都是嘉靖皇帝“自制而手书”的。“宬”指古代用于藏书的屋子。《日下旧闻考》援引《燕都游览志》注释说：“宬与盛同义，《庄子》：‘以匡宬矢’，《说文》曰：‘宬’，屋所容受也。”在中国历史上，皇帝是至高无上的统治者，历朝皇帝都标榜自己所修的实录圣训，记录的是真实的历史，“不虚言，不溢美”，“皇史宬”字形、字义的寓意正是为了说明这座殿堂里保存的实录圣训荟萃了中华文化的精华，同时也是皇家正史。到了清朝，统治者对“皇史宬”匾额上的“史”改成了现在我们常用的这个字，并且用左汉右满两种文字书写。

第五节　故宫——明清两代的皇家宫殿

1402年，明朝开国皇帝朱元璋第四子燕王朱棣攻破京城南京，夺取帝位，即明成祖，第二年改元永乐，改北平为北京。永乐四年，明成祖决定迁都北京，于是下令仿照南京皇宫营建北京宫殿。在元大都宫殿基础上，动用了工匠几十万、民夫百万，最终至明永乐十八年（1420年）才基本建成。建成后第二年，明朝迁都北京，称北京为京师，南京为留都。

故宫建成后，经历了明、清两个王朝，24位皇帝，历经500多年，是等级制度、权力斗争、宗教祭祀等的核心，更成了明清两朝皇权统治的代名词。故宫又名紫禁城，紫是指紫微垣，也就是北极星。依照中国古代星象学说，紫微垣位于天中央的最高处，位置永恒不变，是天帝所居。因而，天帝所居的天宫称为紫宫。而明成祖是地上的皇帝，是天下的中心，为了表示天人对应，便把他住的地方称为紫禁城。当时，普通人连故宫城墙都不能靠近，靠近了就算犯罪。

故宫占地72万平方米，共有殿宇8707间，四面环有高10米的城墙，南北长960米，东西宽753米，外围有护城河环绕，长3800米，宽52米，构成了完整的防卫系统。故宫都是砖木结构，屋顶铺设黄琉璃瓦，底座为青白石，并用金碧辉煌的彩绘装饰，是目前世界上最大、最完整的木质结构的古建筑群。

▲故宫太和殿。太和殿是紫禁城内体量最大、等级最高的建筑物，其建筑规制之高，装饰手法之精，堪列中国古代建筑之首。

故宫总体布局为中轴对称，依据其功用分为“外朝”与“内廷”两大部分。外朝以太和殿、中和殿、保和殿三大殿为中心，这三大殿位于整座皇宫的中轴线上。

太和殿是皇帝进行早朝和群臣商议政事的地方，是紫禁城诸殿中体积最大的一座，也是最富丽堂皇的大殿，俗称金銮殿，也称为前朝。太和殿的长宽之比为9：5，寓意为九五之尊。殿中直径达1米的大柱有72根，围绕御座的有6根，全部是刷金漆的蟠龙柱。殿中间高2米的台上，摆放的是象征封建皇权的龙椅——金漆雕龙宝座。龙椅前配有造型美观的仙鹤、炉鼎，背后是雕有龙形图案的屏风。太和殿是外朝，乃至整个故宫的重点建筑，封建皇帝行使皇权处理国家大事，举行重大典礼，比如即位、生辰、成婚等大典都是在这里庆祝的。

太和殿的后面是中和殿。中和殿平面呈正方形，高27米，地面铺金砖，殿顶为四角攒尖顶，即殿顶四脊顶端聚成尖状，上面有球形宝顶。中和殿的宝顶为铜质镀金的。中和殿是皇帝去太和殿举行大典前，短暂休息的地方。在此期间，身为一国之君，还需接受内阁大臣和礼部官员演习礼仪的跪拜，然后再进入太和殿举行正式的仪式。另外，在决定祭祀典礼前，会到这里审阅祭文；到东南海练习亲自耕种农田之前，也要先在这里查看一下农具。

保和殿在中和殿的后面，平面呈长方形，高29米。保和殿的屋顶为歇山顶，殿顶正中有一条正脊，正脊两端好像折断一样各垂下2条垂脊，各条垂脊下部再次折断，斜出一条岔脊，从正脊到垂脊，再到岔脊，都像是折断了，好像“歇”了一歇，因此称为歇山顶，又因为整座屋顶共9条脊，又称九脊顶。这种屋顶样式自宋朝就有了，是古代汉族建筑的屋顶样式之一。保和殿是每年除夕之夜，皇帝和外藩王公宴饮的地方，另外也是皇帝亲自审核科举考试中过关的举子们，确定三甲的地方。

太和殿、中和殿、保和殿是前朝三大殿，是政权中心。按照“前朝后寝”的古制，故宫的后半部分就是皇帝及嫔妃生活娱乐的地方，即内廷。前朝与内廷的宫殿以乾清门为分界线。乾清门以南为前朝，以北为内廷。内廷以乾清宫、交泰殿、坤宁宫，即后三宫为中心，其中乾清宫是皇帝正寝，坤宁宫是皇后的住所，在两宫之间是交泰殿。乾清宫的东西两侧有东六宫、西六宫、乾东五所和乾西五所。这样的布局符合当时的星相学，即乾清宫是天，坤宁宫是地，东西六宫是十二星辰，乾东西五所是众小星，这样就形成了一个众星拱卫的格局，目的无非为了突出皇帝的神圣。

内廷的建筑风格不同于外朝。外朝是政权中心，建筑形象庄严肃穆、雄伟壮丽，以象征皇帝的至高无上。内廷生活娱乐之所，富有生活气息，多建有花园、书斋、馆榭、山石，自成院落。宁寿宫位于内廷东侧，是当年乾隆皇帝宣布退位后当太上皇养老的宫殿，花费了110万两白银修建而成。

乾清宫位于内廷最前面，是内廷正殿，高20米。殿的正中有宝座，上有“正大光明”匾。这块匾在清雍正以后，成为放置皇位继承人名字的地方。雍正经历“九龙夺嫡”即位为帝，为防止皇子之间再次因争夺皇位而互相残杀，决定不在生前宣布继承人的人选，而是采用密立储位的方法，也就是生前虽确定了继承人，但是秘而不宣，而是将这个人的名字写成两份遗诏，一份放在木匣内置于“正大光明”匾额后，一份由皇帝自己保存，待皇帝死后，才由人打开匣子当众宣布皇帝继承人。乾清宫东西两侧是皇帝读书、就寝的暖阁。西暖阁上下两侧放置27张床，皇帝可随意选择，据说这样设置是为了防止刺客行刺。清朝，康熙前，皇帝都是在此居住，处理政务的；雍正之后，皇帝就移居养心殿，但在这里处理政事，批阅奏报，任命官吏和会见臣下。乾清宫周围设置的有皇子读书的上书房，有翰林学士值班的南书房。

坤宁宫是明朝皇后寝宫，两头有暖阁。李自成带领农民军打进北京时，崇祯皇帝的皇后周氏就是在坤宁宫上吊自尽的。清朝是满族政权，非常敬畏神明，因此很重视祭祀、祭神，每年大大小小的祭祀有很多，有一些是要

皇后来主持的，地点就在坤宁宫中。清代雍正以后，西暖阁改为萨满的祭祀地，东暖阁为皇帝大婚的洞房，康熙、同治、光绪等皇帝，都是在此举行婚礼。

交泰殿建于明朝嘉靖年间，在乾清宫和坤宁宫之间，寓意“天地交合，康泰美满”。清嘉庆二年乾清宫失火，此殿殃及被烧，于同年重建。新建后的交泰殿呈方形，装饰有龙凤图案的花纹，四角攒尖，宝顶镀金，是皇后接见妃嫔命妇，举办生日庆典的地方。另外，清代皇后会带领后宫妃嫔举办祭拜蚕神嫘祖，采桑喂蚕的仪式，即亲蚕礼，以鼓励百姓勤于纺织。皇后要到这里来视察亲蚕祭典的准备情况。

故宫有四个门，正门是南面的午门，北面是神武门，东面是东华门，西面是西华门。

午门位于紫禁城南北轴线，是紫禁城正门，居中向阳，位当子午，因此名为午门。午门东西北三面环绕着12米高的城台，形成一个方形广场。北面是庑殿顶的门楼，东西城台上各有13间殿屋，依次从门楼两侧向南排排列开，好像大雁的翅膀，因此也称雁翅楼。东西雁翅楼南北两端的四角，各有高大的角亭，与正殿呈辅翼之势。这种门楼称为“阙门”，是中国古代形制最高的大门。午门气势威严，好似被三山环绕，中间突起五峰，非常雄伟，因此也称五凤楼。

午门从南面看有三个门洞，但实际上有五个门洞，在东西城台的里侧，还有两个掖门。这两个掖门分别向东、向西伸进地台，再向北拐，从城台北面出去，因此在午门的背面，就能看到五个门洞了，这就是古人认为吉利的“明三暗五”的形式。这几个门洞中，中间的正门平时只供皇帝一人出入，皇后可以在大婚时进一次，科举考试的状元、榜眼、探花可以从此门走出一次。剩下的东侧门是供文武大臣进出的，西侧门是供宗室王公出入的。边上的两个掖门平时不开，只有在举行大型活动时才开启。午门是皇帝下诏书，

▲午门是紫禁城的正门，位于紫禁城南北轴线。此处平面呈“凹”字形，沿袭了唐朝大明宫含元殿以及宋朝宫殿丹凤门的形制，是从汉代的门阙演变而成。

下令出征，彰显皇威的地方。宣读皇帝圣旨，颁发年历书，文武百官都要在午门前广场集合听旨。明朝时，午门也是皇帝处罚大臣实施“廷杖”的地方。大臣触犯皇家威严，就会被绑出午门前御道东侧打屁股，这就是廷杖。开始时，只是象征性地打几下，以示小惩大诫，后来发展到当场把人打死。正德十四年（1519年），皇帝朱厚照要到江南选美女，群臣谏阻，触怒皇帝，有130个大臣遭受廷杖，其中11人被当场打死。著名心学大家王阳明弹劾当朝大太监刘瑾，也在午门被施以廷杖。民间有“推出午门斩首”的传言，这其实是以讹传讹，明清皇宫门前极为森严，绝不会在此处决犯人，必须要押往柴市（今北京西四）或是菜市口等地专门的刑场行刑。

神武门是故宫的北门，也是一座城门楼形式，殿顶是最高形制的重檐庑殿式屋顶，但是它的大殿左右两侧没有伸展出来的殿屋，在级别上要比午门略低。神武门明朝时名为“玄武门”。青龙、白虎、朱雀、玄武为古代传说中的四神兽，各主一个方位，其中玄武主北方，因此帝王宫殿的北宫门多取名“玄武”，如唐代有“玄武门之变”。清朝至康熙帝时，因避康熙“玄烨”的名讳，改名“神武门”。神武门是宫内日常出入的门禁。现神武门为故宫博物院正门。

东华门与西华门分别在故宫东西两侧，遥遥相对。东华门与西华门城台为红色，城台上建有城楼，黄琉璃瓦屋檐，平面呈长方形。这两座门在形制上属同一个级别，门外都设有下马碑石，白玉须弥座，门上有3座圆拱形小门，门洞外方内圆。

故宫四门中，午门、神武门、西华门的门钉规制相同，都是“横九纵九”，寓意九九归一，代表皇权至高无上。但是东华门与其他三门不同，是“横九纵八”，有72颗门钉。古人认为奇数为阳数，9则是阳数，2则是阴数，因此皇帝死后其灵柩从东华门运出，因此东华门也俗称“鬼门”。

故宫是几百年前劳动人民智慧的体现。它的布局严整，用形体变化，高

低起伏的手法，去体现封建社会的等级制度，一砖一瓦都在宣示皇权的至高无上。同时，形体虽然多变，却还能兼顾平衡和谐，不管是设计还是建筑，堪称一个无与伦比的杰作。

同时，故宫也是劳动人民血汗的结晶。为了修建故宫，无数劳动人民被迫在四川、广西、广东、云南、贵州等地的陡峭的山岭里伐木，运到北京；无数劳动人民从北京远郊还有两三百里外的山区采集石料，运到施工现场。那些石料重达几百吨，轻的也有几吨重。在当时的施工条件下，都很难想象是如何把它们运来的，这也充分体现了故宫的建筑成就。

第六节　天坛——祭天祈谷

天坛是明成祖朱棣迁都北京后，仿照南京形制修建。工程自1420年开始，历时18年，于1438年建成。自建成后，每年冬至、正月等时节，每位帝王都要带领群臣来天坛举行祭祀仪式，祈祷皇天保佑，五谷丰登。这个传统一直延续到清朝。在中国，祭祀天地的活动在四千多年前的夏朝就有了。中国古代帝王对天地崇拜而敬畏，并以“天子”自称，因此历朝历代都对祭祀天地极为重视。天坛距今已有500多年的历史，是世界上最大的祭天建筑群。

天坛建筑布局呈“回”字形，分内坛、外坛两大部分，中间有墙垣相隔。最南的围墙呈方形，象征地，最北的围墙呈半圆形，象征天，寓意天圆地方；北高南低，表示天高地低。内坛有一条南北向的轴线，天坛的主要祭祀建筑集中在内坛中轴线的两端。中轴线以南有圜丘、皇穹宇，用于祭天；以北有祈年殿、皇乾殿，用于祭地。这两组建筑被一条南北贯通，南低北高的甬道——

丹陛桥连接。坛内还有巧妙运用声学原理，而建造的回音壁、三音石、对话石等，由此可见，中国古代建筑工艺的水平已经相当发达。外坛多是经年古树，郁郁葱葱，将内坛环抱起来。这是在模拟古人祭天的环境。人类最初举行祭天活动，是在林中空地上筑土为坛进行的。在古人看来，这种环境是最神圣，最纯净的，因此天坛中广植绿树，有“以苍璧礼天”的意思。

圜丘坛是皇帝冬至祭天的地方，因此又称祭天台，是一座露天的圆形石坛，象征天，分上、中、下三层。明朝初建时，圜丘坛是用蓝色琉璃瓦铺成；清朝时，乾隆皇帝对其进行扩建，将蓝色琉璃瓦改砌为艾叶青石台面，栏杆、柱石都用汉白玉。上层中心为一块圆石，叫作太阳石或者天心石，在天心石的位置发出的声音，声波通过近旁的栏板反射，能明显听到回音。上层以天心石为中心，周围围铺设扇形石块，第一圈为9块，第二圈为18块，周围各圈依次以九的倍数递增，直至底层。每层四面有台阶、栏板、望柱，数量也都用九或九的倍数，象征“天”数，暗含“九五之尊”之意。

皇穹宇是圜丘坛正殿，位于圜丘坛以北，是供奉圜丘坛祭祀神位的场所。它始建于明嘉靖九年，清乾隆年间重修为镏金尖顶建筑，用蓝色琉璃瓦铺设屋顶，象征青天。皇穹宇周围围有圆形围墙，坐北朝南，南面设三座琉璃门。整个殿宇坐落在2米多高的汉白玉台基上，外观看上去像一座圆亭，周围设石护栏。殿内设有八根金柱和八根檐柱，共同支撑起巨大的殿顶，殿顶穹窿成阶梯状，分三层依次收进，构造精巧。殿正中摆放的汉白玉雕花的圆形石座，用来供奉天帝牌位，左右则是历代皇帝神牌。正殿东西各有配殿，供奉的是日月星辰和云雨雷电等诸神的牌位。

在皇穹宇殿门外，位于正中间的甬路上，从殿基须弥座开始，排列着三块条型石板。这三块儿石板叫作三音石，又称三才石，比喻“天、地、人”三才。关闭皇穹宇的门窗，将附近的障碍物移除，站在第一块石板上面向殿内发出声音，可听到一声回音；站在第二块石板上发出声音，可听到两声回

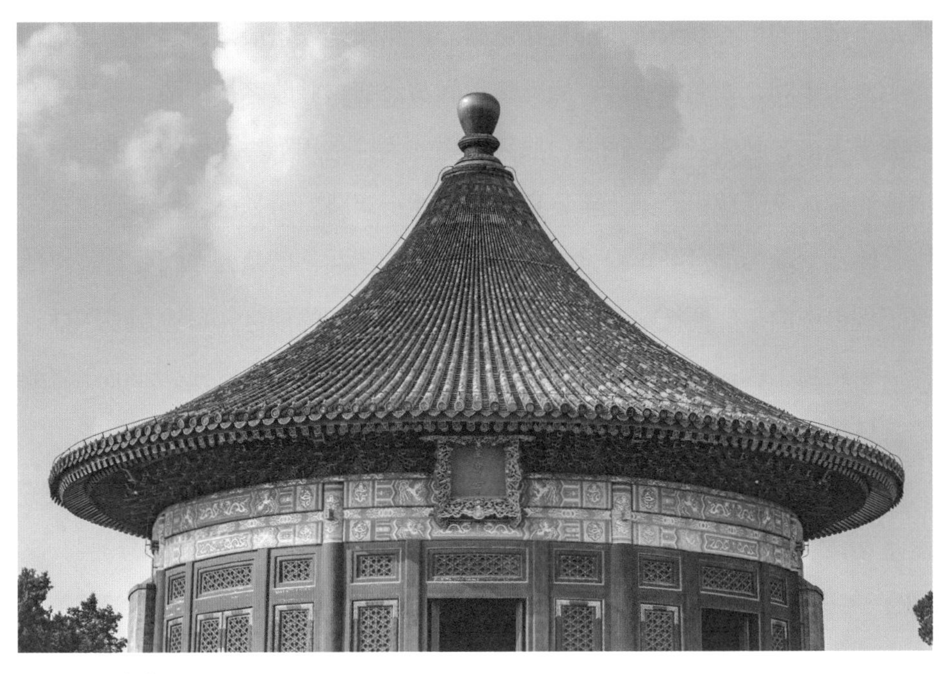

▲天坛皇穹宇。

音；站在第三块石板上发出声音，可听到三声回音。原来，皇穹宇的围墙是圆形的，而三音石正好位于圆心处。在三音石处的声音，通过空气传播，遇到高大坚硬且十分光滑的围墙就会被反射回来。这些反射回来的声音又都会经过位于圆心的三音石，所以，在三音石上发出声音，就会听到清晰响亮的回音。

除了三音石，皇穹宇的围墙也有这种奇妙的声学特点。皇穹宇的围墙是将毛砖打磨得棱角整齐之后，砖与砖严丝合缝砌筑而成的，墙面非常整齐光滑。整个围墙形成一个圆形，弧度十分规则，非常有利于声波的折射。站在东西配殿后的围墙处，靠墙说话，声波前进过程中会被连续折射，无论声音多小，也会传到另一端，而且非常清楚，因此这道围墙被称为回音壁。回音壁的声音经过连续折射，会造成一种神秘气氛，好似上天对人的呼唤所做的回应。

祈年殿在天坛的北部，也称为祈谷坛，是天坛的主体建筑。明清皇帝每年举行的祈谷祭天仪式都是在这里。祈年殿是天坛最早的建筑物，始建于明永乐年间，初名大祈殿；清乾隆年间曾修缮，并改名祈年殿；光绪十五年曾遭雷击，起火焚毁。据说，原来殿里的大柱是用沉香木做的，燃烧时，清香的气味绵延数里。第二年，皇帝要重建祈年殿，可是已经找不到建筑图样，好在之前参加过祈年殿修缮事务的工匠们还在，于是，专门分管国家建筑工程事务的工部便把这些人召集起来，根据他们的记忆，口述制成图样，然后重新施工建造。现在我们看到祈年殿是清代光绪年间重建，2005年修缮的，只是基本保留了明代的建筑形式和结构。

重修的祈年殿是一座圆形建筑，三重圆顶层层收进，镏金尖顶，圆顶覆盖蓝瓦，象征蓝天。祈年殿大殿的台基是圆形的汉白玉石台，台基分3层，高6米，每层围有雕刻了花样的汉白玉栏杆。从祈年殿大门出来，看着门前那条甬道一直往南延伸，一路上重重叠叠的门廊渐次变小，好似伸向无穷远处，会给人一种从天上下来的感觉，意境高远。一位法国的建筑专家在参观了祈年殿后，说："摩天大厦比祈年殿高得多，但却没有祈年殿那种高大与深邃的意境，达不到祈年殿的艺术高度。"

祈年殿内，天花板处做成藻井样式，中间饰有描金的龙凤浮雕，富丽华贵，整座殿堂十分富丽堂皇。殿内中央有一块龙凤石，是一块儿平面呈圆形的大理石，上面有龙环抱着凤的图案，寓意"龙凤呈祥"，难得的是这个图案是自然形成的。当年祈年殿的那场雷火，烧了整整一天一夜，龙凤石仍没被烧碎，不过，龙纹被烧成了浅黑色，而凤纹就模糊不清了。祈年殿前还有东、西配殿各九间，收藏的是配神牌位。

祈年殿殿内有28根大柱共同支撑起来三层连体的圆顶。这28根大柱以大殿中心为圆心分三层排列，并且各有其象征意义：最里层的中央位置有4根，叫通天柱，象征春夏秋冬；中间一层有20根，象征一年的十二个月；最外一层也是12根，代表十二时辰；外面两层加起来是24根，象征二十四节气；三层加起

▲祈年殿。祈年殿是天坛的主体建筑，又称祈谷殿，是明清两代皇帝孟春祈谷之所。祈年殿采用的是上殿下屋的砖木结构，内部结构比较独特，不用大梁和长檩，仅用楠木柱和枋桷相互衔接支撑屋顶。

来是28根，象征二十八星宿；柱顶还有8根银柱，加上这28根大柱，象征三十六天罡；宝顶下有雷公柱，象征皇天统一天下。

华夏民族自古就有“敬天法祖”的信仰，祭天则是人与天交流，祈求上苍垂怜施恩的方式，是最隆重、最庄严的祭祀仪式。因此历代王朝都非常重视，一般由帝王亲自主持，在举行祭祀仪式之前，帝王都要沐浴斋戒，以示对上天的崇敬。明清的帝王也不例外，天坛里就专门为皇帝建了祭天前斋戒沐浴的地方，名为斋宫。祭祀仪式举行前三日，明、清两朝皇帝均会来此“斋戒”，不过，自雍正皇帝以后，“斋戒”的前两日改在紫禁城内斋宫，称为“致斋”，到第三天才才迁居天坛斋宫。天坛斋宫，位于天坛西天门南，朝东而建，建有宫城，分为内外城，其实就是一座小皇宫。斋宫外城四个角都建有值守的班房，负责守卫，东北角还建有一座钟楼，每当皇帝进出斋宫，钟楼都要鸣钟。斋宫内城分前、中、后三部分。前部主要为正殿；后部只要帝休息居住的寝宫；中部是主管太监和首领太监值守的班房，一个细长的院子，两端各有房屋五间。斋宫内有房屋200余间，规模虽不及紫禁城，但已经算是十分宏大的了。

天坛是明清两代的国家祭坛，在设计上要突出天空

◀天坛双环万寿亭。天坛双环万寿亭是由一对重檐园亭套合而成，结构奇特严谨，造型端庄匀称，屋面覆孔雀兰琉璃瓦，色彩明快，为国内古建筑仅存一例。据传是清乾隆六年（1741年）乾隆皇帝弘历为其母祝贺五十大寿所建。

的辽阔高远，以表现“天”的至高无上，又因为是帝王与天交流的场所，所以也要有与天接近的地方，皇穹宇和祈年殿都是圆形尖顶，正是为了要体现亲近上天的感觉。

第七节　太庙——皇家祭祖的家庙

中国古代非常重视对祖先的祭祀，很多地方都有家庙，用来摆放祖先牌位，供子孙后代祭祀。北京太庙就是明清两代的皇家宗庙，皇帝会在太庙举行祭祖大典。

北京太庙始建于明永乐十八年（1420年），占地200多亩，其内有很多古柏，不少树的树龄达到几百年。太庙的大门在南面，从南到北呈长方形。太庙内的主要建筑为三大殿，即正殿、寝殿和祧庙。正殿的两边各有十五间配殿，东配殿供奉的是皇族中有功勋的人，西配殿供奉的是异姓大臣中有功勋的人。正殿的后面是寝殿和祧庙，附属的一些建筑有神厨、神库、治牲房等。三大殿的前面有一座琉璃砖门和一座戟门，在两门的中间有戟门桥。

戟门位于正殿的前面，其得名是因为门外曾经有作为仪仗的8个戟架，每个戟架上有15枝戟，总共有120枝戟。在戟门的外面有一座小金殿，专门供皇帝祭祀时更衣盥洗。

戟门桥始建于明代，后来乾隆时对桥进行了改建，改建后的戟门桥形如玉带，故又称“玉带桥”。戟门桥由7座单孔石桥组成，桥两侧有汉白玉护栏，龙凤望柱交替排列。古代由于有森严的等级制度，这7座石桥专门供不同的人行走。中间一座为御路桥，只有皇帝能走；两边为王公桥，供王公贵族行走；

▲太庙是明清两代皇帝祭奠祖先的家庙，始建于明永乐十八年（1420年），是根据中国古代“敬天法祖”的传统礼制建造的。

再往两边是品官桥，供品级官员行走；普通人只能走最边上的两座桥。

正殿为太庙中最初始，也是最主要的建筑，为皇帝行祭祀大礼的地方。明末清初的时候，正殿曾遭损毁，不过所幸主体的木结构保存完好。顺治年间，正殿得以重修，重修后的正殿保留了明朝时的原结构，面阔9间，进深4间。后来乾隆皇帝对正殿进行了扩建，将9间扩展为11间。清代的正殿中央挂有满汉文对照的“太庙”匾额。大殿有三重汉白玉须弥座台基，台基外围有石栏杆。月台的御道上，刻有龙纹、狮纹和海兽。殿内地面铺有“金砖”，

大梁为沉香木，其余的木构件用的都是金丝楠木。太庙正殿是中国现存规模最大的金丝楠木宫殿，尤其是其中的楠木大柱，让世人惊叹。殿内供奉着木制金漆的神座，皇帝的座位上雕龙，皇后的座位上雕凤。

寝殿又叫中殿，位于正殿的后面，通过石露台与正殿相连，是供奉帝后牌位的地方。寝殿面阔九间，进深四间，正中的室内供奉着太祖神牌，另外的各间供奉着其余各祖先神牌。在神龛之外，还有和神牌数目相同的帝后神椅。明朝时候，这里只祭祀原配皇后，到了清代，开始祭祀继配。在各个夹室内设置有香案、床榻、褥枕等物，牌位放在褥上，象征祖宗的起居。

祧庙又叫后殿，位于寝殿后面，用来供奉皇帝的远祖，同时也用来存放祭祀用品。祧庙的四周有红墙围绕，殿外的石阶上刻有龙纹。

第八节　寄畅园——天然的山水画卷

寄畅园位于无锡市惠山东麓，是江南园林的一个典型代表，被誉为“园中有山，山中有园”。寄畅园古称“秦园”，原本是惠山寺的僧舍，在明朝时建成府邸，为兵部尚书秦金所有，取名为凤谷山庄。后来秦金的后代秦耀于万历十九年（1591年）被免职，回到无锡，将此处改建为园林，设置20处景观，每处景观都有一首相应的诗。寄畅园名字的由来，便是取自王羲之的诗句：“取欢仁智乐，寄畅山水阴。”

寄畅园的总体布局非常巧妙，以水为核心，兼以假山古树，各个景致错落布置，并使用借景手法，近处以惠山为背景，远处则以锡山龙光塔为背景，远近呼应，形成了很强的空间层次感。整个园子可分为东、西两部分，东边的部分以水池和走廊为主，西边的部分以假山树木为主。

在寄畅园的东部，有一个名叫“锦汇漪”的水池，呈南北向的长带状，是寄畅园的主要景观。从布局来看，寄畅园的景色就是围绕着这池水铺展开来的。水池周围的景色都倒映在池水中，尤其是远处的龙光塔，倒映在池水中，形成“山池塔影”的精致。在池岸中间有一个突出的鹤步滩，上面种着两棵大树。对面有九脊飞檐的知鱼槛方亭，是供人观赏池鱼的地方，“知鱼”这个名字来源于《庄子·秋水》中的“安知我不知鱼之乐”。

在锦汇漪的东南角，有一座六角小亭，名为“郁盘”。关于这个名字的由来，还有一个有趣的传说。据说乾隆在下江南时，曾在寄畅园小住，闲来无事，便叫惠山寺的僧人来陪自己下棋。乾隆自负棋艺非凡，谁知对面的僧人棋艺更是高超，杀得乾隆没有还手之力。不过僧人知道不能赢皇上，于是点到为止，故意输给了乾隆。乾隆对此心知肚明，虽然最后自己赢了，但是仍闷闷不乐，于是下旨把这座亭子改名为“郁盘”。

西部的景观主要是假山，山的层次感很强，有主有次。其中间部分主要是土山，两边主要是石山，呈中间高两边低的轮廓，山上载有很多高大的树木以及其他植物，很好地烘托了山的气势。假山中还有一处山涧，水源为惠山泉水，泉水流泻，激起清脆的回声，就好像八音盒在鸣响，因此这个山涧被称为“八音涧”。

在所有假山中，有一座非常有特色，名叫九狮台，又叫九狮图石。这座假山是用湖石叠成的大型假山，有数丈之高。其最大的特色，就是有很多狮形的湖石，其姿态各异，情趣不同，别有一种韵味。而整座假山又形成一只巨大的雄狮，卧在翠绿的树丛中。

有人说，寄畅园的成功之处在于它“自然的山，精美的水，凝练的园，古拙的树，巧妙的景”。的确如此，寄畅园的各处景观无不体现了造园者精巧的心思，同时也体现了园主怡然超脱的心性。

第九节　留园——建筑空间艺术处理的范例

提起苏州园林，留园可说是一个避不过的话题。苏州的留园以其建筑布局巧妙、奇石林立而闻名，与苏州的拙政园、北京颐和园和承德避暑山庄并称“中国四大名园”。

留园为明代万历年间所建，是太仆寺少卿徐泰时的私家园林，当时称为“东园”。后来东园渐渐荒废，在清朝乾隆时期，园子的主人换成了一个名叫刘恕的人，园名随即改为“刘园”。刘恕对原来的园子进行了大量改造，引入了许多奇石，并为此撰写了许多文章。到同治年间，园子为盛康所得。盛康将园名保留了音而更换了字，更名为“留园”。

留园按布局可分为东部、中部、西部三部分。东部主要为建筑，中部是山水相映的景致，西部则主要是山景。东部的主体为亭台楼阁等建筑，这些建筑围成庭院，各个门户之间交互重叠，形成了富于变化的建筑景观。其中的游廊和西部的爬山廊相连接，贯穿了整个园林。中部以水池为主，兼有假山，形成山水映照的景致，假山上有闻木樨香轩，可以俯瞰整个园子的景色。西部以假山为主，山林葱郁。各部分之间的景色并不是独立的，而是通过各建筑之间的漏窗、门洞，相互勾连映衬，隔而不断。

留园有三绝，分别是冠云峰、楠木厅和雨过天晴图。

冠云峰是留园中的庭院置石，在江南园林中是最高最大的一块庭院置石。冠云峰身兼太湖石“瘦、皱、漏、透”四奇，堪称太湖石中的绝品。为了观赏奇石，在冠云峰的周围建有冠云楼、冠云亭、冠云台、伫云庵等建筑。据说，冠云峰原本是宋末花石纲中的一块奇石。当时宋徽宗不顾北方的紧张战事，在京城大肆兴建宫殿园林，供自己游玩。为了修建园林，他下旨

▲冠云峰，苏州园林中著名的庭院置石之一，是江南园林湖石之最，充分体现了太湖石“瘦、漏、透、皱”的特点。

搜集奇花异石，号称要将天下的奇珍都放在宫廷中。当时负责采办奇花异石的人叫朱缅，他下令人们把所有的奇花异石都上交，如果敢反抗，就会治以“不敬皇帝”的罪名。终于，这种行为激起民变，方腊带领农民发动了起义，当时方腊起义军的一个口号就是杀“朱缅”。不久之后，徽宗被金所俘，搜集奇花异石的事也就不了了之。一些搜集来的奇石还没来得及运到京城，冠云峰就是其中之一。

楠木厅又叫“五峰仙馆”，因为其梁柱均为楠木，因此称为楠木厅，“五峰”的名字则来源于李白的诗句：“庐山东南五老峰，晴天削出金芙蓉。”楠木厅是留园内最大的厅堂，为五开间，分前后两厅，中间用屏风隔开。其中前厅的面积约占整个楠木厅的三分之二。为了让楠木厅看上去空间层次感更强，厅中家具的摆放十分讲究。正厅中间设置有供桌、天然几、太师椅等家具，左右两边分别设置有茶几和椅子，这些家具将正厅的空间分隔成了明间、次间和梢间等不同的部分。为了增加大厅内的视觉空间，在东西两边的墙上还分别设

置了一列宽阔而简洁的窗户。坐在厅里的人可以直接透过窗户观赏庭院中的风景，这也是属于风景的一种借鉴法，同时保证了厅中可以有比较充分的光线。这种设置使得楠木厅摆脱了一般厅堂的阴暗压抑的感觉，而让人感觉非常亮堂。

《雨过天晴图》是一件大理石天然画，就保存在楠木厅内，是留园内的珍贵宝物。《雨过天晴图》直径1米左右，厚度大约有15毫米，其表面中间部分的纹络就好像重重叠叠的群山一样，下面有飞淌的流水，上面有飘逸的行云，在正中上方，有一个白色的圆斑，看上去就如一轮明月或艳阳。这幅石屏山水画是天然形成的，产自云南点苍山。让人百思不得其解的是，这样一块又薄又大的大理石，是怎样毫发无损地从云南运到苏州的。

第十节　拙政园——江南私家园林的代表

拙政园位于江苏省苏州市，是苏州规模最大的古典园林，也是“中国四大名园”之一。该园始建于明代正德年间，为御史王献臣归隐苏州后所建，前后共用了16年时间，并聘请当时的著名画家文徵明参与了园林的设计。“拙政园”名字的由来，是取自西晋文人潘岳《闲居赋》中的句子：“筑室种树，逍遥自得……是亦拙者之为政也。”在之后的几百年里，拙政园屡易其主，并不断更名，一直到近代才恢复“拙政园”这个名字。

整个拙政园原本是浑然一体的，但是经过多次重建和修整，逐渐分成了几个相互独立的部分。到清末，拙政园形成了东园、西园、中园和住宅四个部分，其中住宅是典型的苏州民居。

东园大约占地31亩，原本名叫“归园田居”，是明代侍郎王心一所取。该园总体上采用明快的风格，以山水草木为主，搭配有亭台。园中央为涵青池，池北有兰雪堂，周围栽种着梅、竹等植物。在池南有一座缀云峰，峰下面有一个小山洞，名为“小桃源”，其布置和名字均来源于陶渊明的《桃花源记》。

西园面积约12.5亩，原本为“补园”。其布局紧凑，曲水环绕，依水建有亭台楼榭。在西园中有一处三十六鸳鸯馆，为园内的主要建筑，是主人宴请宾客和听曲的场所。其名称的由来是因为当初这里养了36对鸳鸯。在三十六鸳鸯馆的周围，有曲尺形的水池，沿池建有回廊，在回廊中可赏到别致的水景。馆内窗户上嵌有蓝色玻璃，在天气晴朗的时候，透过玻璃看窗外的景色，就好像在观赏雪景。

三十六鸳鸯馆也用了借景的方式，借用了馆后山亭的景

◀拙政园内部装饰。

色。透过馆后面的窗户，恰好可以看到山上的笠亭，而且从这个角度看，笠亭的顶盖形成了一把扇子。笠亭又叫“与谁同坐轩”，名字取自苏东坡的词句：“与谁同坐，明月，清风，我。”

中园面积约为18.5亩，是拙政园的主要景区，全园的中心部分都在这里。园中各处景观虽然经历多次变迁，但总体上仍然保持了明代质朴明朗的风格。中园以水为中心，水中堆有假山，沿水建有很多亭榭，方便观赏水景。中园的主建筑为远香堂，是主人宴请宾客的地方。同时，远香堂也是拙政园的主建筑，园林的各个景观都是以远香堂为中心展开的。远香堂临水而建，是一座四面大厅，周围都是落地玻璃窗，从厅里就可以将周围的景色一览无余。远香堂正中的匾额上，写着“远香堂”三字，是文徵明亲笔所写。

在远香堂的北面，有两座假山位于池中，两山之间以溪桥相连。西面山上有雪香云蔚亭，又叫“冬亭”，是园中最适合赏梅的地方。亭子的柱子上挂着一副文徵明所书的对联：“蝉噪林逾静，鸟鸣山更幽。”亭的中央有一块匾额，写着“山花野鸟之间”几个字，是元代倪云林的手笔。东面山上也有一个亭子，名叫待霜亭。在远香堂的东面，也有一座小山，小山上有“绿绮亭”。在远香堂周围的水池中，种有很多荷花，因此有很多建筑都是用于赏荷花的，比如远香堂西面的“倚玉亭”和北面的“荷风四面亭”。

文徵明作为拙政园的主设计师，曾在《王氏拙政园记》中记述了部分建园过程。在建园之始，他就发现这里土质松软，积水比较多，不合适盖大量建筑。所以文徵明便因地制宜，以水为主体，兼以假山绿植来营造各个景点，并在其中暗喻诗画中的意趣典故。园中很多对联和诗都是文徵明手书，也有许多植物为文徵明亲手所种，可见当初文徵明为此园花费了相当大的心血。

第十一节　明十三陵——建筑艺术史上的杰作

明十三陵位于北京市昌平区天寿山麓，是明代帝陵，总面积约有120平方千米。陵区东、西、北三面环山，中间为平原，陵前有小河流过，景色十分秀丽。明代在为帝陵选址时，有术士认为这里风水极佳，是建造陵寝的极好位置，因此这里被选为建造帝陵的“万年寿域”。十三陵从明成祖时期开始修建，到明朝最后一位皇帝葬入思陵，总共修建了13座皇帝陵墓、7座妃子墓和1座太监墓。明朝16位皇帝中，开国皇帝朱元璋葬于南京的明孝陵，建文帝朱允炆被朱棣篡位后，下落不明，明景帝朱祁钰因帝位不被哥哥明英宗承认，因此被以“王”的身份葬于玉泉山。余下的13位皇帝，均葬在十三陵，“十三陵”的名字也是因此得来。十三陵依山而建，气势宏大，是世界上现存规模最大、帝后陵寝最多的帝陵建筑群。

明长陵是明朝第三位皇帝明成祖朱棣和皇后徐氏的合葬陵寝，是十三陵中的祖陵。在十三陵中，明长陵的规模最大，用料最讲究，地面建筑也保存得最好。长陵平面呈前方后圆形状，方形部分由前后相连的三进院落组成。第一进院落前设有一座陵门，其形制为宫门式建筑，陵门前建有月台。第二进院落前面有一座殿门，名叫祾恩门，面阔五间，进深两间。祾恩门往里是第三进院落，其中有一座大殿，叫作祾恩殿。祾恩殿原本叫作“享殿”，用于供奉帝后神牌和举行祭祀活动的地方。祾恩殿的名字是由明世宗所取，其中“祾”字为“祭而受福”的意思，“恩”字为“罔极之恩”的意思，“祾恩”意味着可以得到祖先的无限庇佑。明长陵的祾恩殿是十三陵中唯一留存下来的祾恩殿。祾恩殿下有三层汉白玉石台基，台基前后各有三道踏跺，古称“三出陛”。大殿建于台基上，面阔九间，进深五间，寓意九五之尊。大

殿内的构件全部为楠木，且不加修饰，这是我国目前保存数量极少的本色楠木殿之一。

明献陵是第四位皇帝明仁宗朱高炽和皇后张氏的陵寝，相比于明长陵的宏大规模，献陵则显得有些简陋。其中的陵殿、配殿、神厨各有五间，且都为单檐建筑，祾恩门则只有三间，其他的各个建筑也大都十分简朴。前人在描述十三陵的时候，有“献陵最朴，景陵最小”的说法。

明景陵是第五位皇帝明宣宗朱瞻基和皇后孙氏的陵寝，正如前人所述，是十三陵中规模最小的陵寝。由于明宣宗本人崇尚节俭，而且有献陵的榜样在先，所以景陵也建造得相当简朴。后来明世宗觉得景陵的规模称不上宣宗的功德，于是对景陵进行了改建，增大其规模，且其中建筑也变得更为精致。

明裕陵是第六位皇帝明英宗朱祁镇和皇后钱氏、周氏的陵寝，建造仅用了四个月时间。《明宪宗实录》中，对裕陵的规制进行了记载：“金井宝山城池一座，照壁一座，明楼、花门楼各一座，俱三间，香殿一座五间，云龙五彩贴金朱红油石碑一，祭台一，烧纸炉二，神厨正房五，左右厢房六，宰牲亭一，墙门一，奉祀房三，门房三，神路五百三十八丈七尺，神宫监前堂五间、穿堂三间、后堂五间、左右厢房四座二十间、周围歇房并厨房八十六、门楼一、门房一、大小墙门二十五、小房八、井一，神马房二十、砖石桥二、周围包砌河岸沟渠三百八十八丈二尺、栽培松树二千六百八十四株。”由此来看，裕陵的规模也不是很大。裕陵与之前几位皇帝的陵寝相比，最大的不同点在于，裕陵中没有人殉葬。英宗在去世的时候，曾颁下遗诏，取消殉葬，从而结束了明朝的殉葬制度。

明茂陵是第九位皇帝明宪宗朱见深和三位皇后的合葬陵寝。用时八个月建成，修建所用京营军将大约有4万人。其规制和裕陵相差不多，只是宝城内琉璃照壁的后面设有左右两个方向的踏跺，可以上登宝山，这点与其他的各个陵寝都不相同。

明泰陵又叫施家台，是第十位皇帝明孝宗朱祐樘和皇后张氏的陵寝。《明宪宗实录》中记载了其规制：“金井宝山城、明楼、琉璃照壁各一所，圣号石碑一通，罗城周围为丈一百四十有二，一字门三座，香殿一座为室五，左右厢、纸炉各两座，宫门一座为室三，神厨、奉祀房、火房各一所，桥五座，神宫监、神马房、果园各一所。”可见其规模比裕陵要小。

明康陵是第十一位皇帝明武宗朱厚照和皇后夏氏的陵寝。康陵沿袭旧制，也用了前方后圆的形制。方形部分有两进院落，第一进院落内为祾恩殿，前有祾恩门，第二进院落前有三座门，院内设两柱牌楼门和石供案。在目前的十三陵中，康陵是砖碑铭文最多的一个陵寝。

明永陵是第十二位皇帝明世宗朱厚熜及三位皇后的合葬陵寝。永陵的营建在世宗皇帝登基后的第15年，经过了10年左右的时间才大致建成。与之前几位皇帝的陵寝相比，永陵有两处特别的地方。一是它的规模较大，仅次于长陵。自献陵做出榜样，之后的几位皇帝的陵寝便力求俭朴，而永陵则一改前制，采用了较为宏大的规模。在之后的陵寝中，也只有定陵采用了和永陵同样的规制。第二就是永陵在方院和宝城之外，修建了外罗城，这在之前的几座陵寝中都没有。

明昭陵是第十三位皇帝明穆宗朱载垕及其三位皇后的合葬陵寝。昭陵曾遭两次损毁，一次是在战乱中遭到火焚，另一次是被雷击，祾恩殿及配殿等建筑都被焚毁。清乾隆年间，曾对昭陵进行修复，虽然建筑等恢复完备了，但是其规模却大大缩水了。

明定陵是第十四位皇帝明神宗朱翊钧和两位皇后的陵寝。定陵的规制和永陵相同，是十三陵中规模最大的三座陵寝之一。其建造用时六年，建成时皇帝才28岁，直到30年之后，陵寝才开始使用。在十三陵中，定陵是唯一一座被发掘的陵寝。

明庆陵是第十五位皇帝朱常洛和皇后的合葬陵寝。庆陵的一大特色是其排水系统。其他各陵对于宝城两侧山壑间的流水，都是用明沟的方式从陵前绕道排水。而庆陵则在明楼前修建了一个“T”形地下排水涵洞，用暗渠方式排水。宝城两侧的水从左右涵洞流入，在明楼前的涵洞汇合，然后向前排出，最后从前院的右侧排入河槽。

明德陵是第十六位皇帝明熹宗朱由校和皇后张氏的陵寝。德陵的布局大体仿照昭陵，其中部分建筑则仿照的庆陵。由于在建造德陵的时候，明朝已进入末期，经济紧张，因此德陵是由大臣们捐钱建造的，而且费时较长。

明思陵是明朝最后一位皇帝崇祯帝朱由检及皇后周氏、皇贵妃田氏的合葬陵墓。崇祯帝死后，明朝实际上已经灭亡，无人修建陵寝，李自成便命人将崇祯帝和皇后周氏葬在了田贵妃的陵墓中，并将其改名为思陵。由此，思陵也成为十三陵中唯一一座帝后与妃嫔同葬的陵寝。

第八章

清朝建筑崇尚工巧华丽

清代建筑沿袭元明时期的发展，崇尚工巧华丽。北方地区的建筑大多是为皇家建造的，不管是颐和园、沈阳故宫等园林，还是清东陵、清昭陵等皇家陵墓，都很恢宏、气派，显示出封建帝王的集权性和奢侈生活。在南方地区，随着经济的发展，私家园林被广泛建造，它们都精致、典雅，在结合地形和空间处理上具有很高水平。

清代修建的很多建筑是为政治服务的，比如承德的外八庙就是当时清朝为了笼络蒙、藏等少数民族而修建的。它们吸收了少数民族和佛教等建筑风格，既丰富了建筑形式，又为各民族交流做出了巨大的贡献。

第一节　封建等级意识强烈的清朝建筑

清朝是中国最后一个封建王朝，清朝前期和中期到达了中国历史上的又一个繁荣时期，后期逐渐走向衰亡，中国封建帝制的历史也走向末路。清朝是满洲贵族对广大人民的统治，因此，专制制度比以往更加严厉，封建等级意识更加强烈。这都在清代的建筑中有所体现。清代的建筑主要体现为宫殿建筑、园林建筑、民间住宅建筑、陵墓建筑、佛教建筑等。

清代的宫殿建筑基本上继承了明代建筑的风格，它们大多是在明代宫殿的基础之上进行了修筑和增建。康熙、雍正、乾隆三代皇帝，对明代的西苑大加扩建，包括中南海的勤政殿、瀛台、丰泽园，北海的阅古楼、濠濮间、静心斋等。它们虽然不能与紫禁城中的宫殿建筑群相比，但是仍然具有皇家气派。

园林建筑是清代建筑的最大成就。清代的皇家园林数量多、规模大，著名的有康熙帝修建的承德避暑山庄、慈禧太后修建的颐和园等，在园林中不仅可以游玩，还可以居住和办公等，而且，实际上，清代的各位皇帝大部分都在园中居住与处理朝廷事物，可以说已成为实际的宫廷所在地。这些清代建造的皇家园林是中国封建社会后期造园艺术的精华。当时，北方地区，尤其是北京，是全国的政治中心，而南方则是全国的经济中心。江南地区有很多官僚富商，他们都纷纷效仿清朝皇帝，也竞相建造私家园林。这些私家园林以扬州和苏州最为集中和著名。具有代表性的有江苏吴江退思园、江苏扬州个园。与皇家园林相比，它们都白墙、灰瓦、青竹，十分清新朴素。但是园中叠山造池十分精致。

民间住宅建筑，与宫殿建筑和园林建筑有所不同，因为清朝版图大，众多少数民族并存，各地区的地理环境和气候都不相同，各民族的风俗习惯也千差万别，因此，清朝的民间住宅各具特色、百花齐放。并且，同一地区的民族由于阶级地位不同，所居住的房屋也是各有不同。清朝民间住宅建筑中，以全国政治中心、朝廷所在地北京的四合院为最具有代表性的建筑。整体上来看是极具有等级色彩，符合中国传统审美的等级分明、对称分布的方形建筑。另外，与之相对的，在南方分布有一种少数民族的圆形建筑——客家土楼，也十分具有特色。

清代的陵墓建筑主要为皇家陵墓，以清东陵和清西陵为代表。陵墓的建造规制基本上沿袭了明代，每座帝陵都由三个主要部分组成：第一部分通常为碑亭、神厨、神库等；第二部分则包括享殿和配殿；第三部分则是明楼、宝城等建筑。清代在明楼后面增设了月牙城，发展更加成熟，而且每座帝陵附近一般都建有皇后和妃嫔的园寝，体现出严格的封建等级制度。

清代的宗教建筑以藏传佛教建筑为代表。由于清代疆域辽阔，各民族分布广泛，边疆地区人民多崇信佛教，为了团结亲善少数民族，保证国家稳定，清朝对佛教的发展给予了支持，兴建了大批藏传佛教建筑。不仅在内蒙古、西藏、甘肃、青海等地大量建设，还在中原地区、北京周围建造了一些佛教建筑。康熙、乾隆时期，为了便于蒙、藏等少数民族朝觐和进行日常佛事，在承德避暑山庄附近建造了十二座喇嘛庙，俗称“外八庙”。外八庙的建筑有些是仿照布达拉宫、扎布伦布寺等，融合了少数民族的建筑特色。这些佛寺造型多样，打破了我国佛寺传统单一的建筑风格，创造出了丰富多彩的建筑形式。

由于清代的宫殿、陵墓等建筑都建造得规模巨大，对技术水平要求很高，因此，清政府就设置了专门的机构来进行管理，清代的建筑在建设时已经初步

走向专业化，开始有了专门的部门，并且分工合作。当时清朝政府还颁布了《工部工程作法则例》，使得建筑的建造有法可依，走向规范；民间也有《园治》等关于建筑的图书。其中样式房与算房是负责设计和预算的基层单位。工程开始前，就挑选若干人分别进入上述两单位任职。在样式房任职时间最长的当属雷氏家族，人称“样式雷”。至今留有大量雷氏所画的圆明园及清代陵墓的工程图纸、模型及工程说明书，都是十分珍贵的清朝建筑资料。

清代建筑在建筑技术上的一个重要改变是玻璃的应用。乾隆年间从国外引进了玻璃，这一新材料的使用使得门窗的式样发生了变化，原来繁密的方格子窗和长条格子窗变成了明亮的玻璃窗，而且透明玻璃也使室内的采光得到了很好的改善。

第二节　北京四合院——典型的北方住宅

北京四合院，是北方地区典型的院落式住宅。四合中的“四”指东、西、南、北四个方向，“合”即四面房屋围在一起，形成一个“口”字形的结构。平面布局以这样的院为特征，有两进院、三进院、四进院、五进院，甚至还有纵向延伸多个院落、横向增加多个平行跨院、设有后花园的大宅。

北京四合院体现出了特有的京味风格。北京正规四合院一般坐北朝南，在东西方向上形成胡同。以三进院的北京四合院为例，整个四合院分为前院、内院、后院三个主要部分。前院以倒坐为主，坐南朝北，是跟正房相对的房屋，主要用作门房、客房或客厅。大门则设在倒座以东。前院较浅，属于外接待区。

▲四合院内部庭院。四合院又称四合房，是一种中国传统高档合院式建筑，其格局为一个院子四面建有房屋，通常由正房、东西厢房和倒座房组成，从四面将庭院合围在中间。

四合院是左右对称的，中间形成一条中轴线，在中轴线上有一扇垂花门，从外院进入这扇垂花门便进入了内院。内院处于中心地位，是家庭的主要活动场所。内院正北是正房，也称上房或主房，规模最大，地位最高，是长辈住的屋子。中间为大客厅。内院两侧为东西厢房，晚辈住在这里，长子住东厢，次子住西厢。南面的倒房供佣人居住。连接正房、厢房和垂花门的是抄手游廊，方便雨雪天行走。

小姐和女儿住在后院，后院也是家庭服务区。在后院的最北部是后罩房，是仆役住房，或用作贮藏。

整个四合院对称分布、等级分明、秩序井然。中间是庭院，十分宽敞，可在院内种植花草树木、饲养鱼鸟，还可以叠石造景。四合院是封闭式住宅，对外只有一个街门，关起门来自成天地，具有很强的私密性，符合中国人的习惯。大门一般开在宅院

的东南方向，根据八卦方位，在东南方向开门可以财源滚滚、兴旺发达。

在细节上，北京四合院也比较细致，形成规范。房屋城垣厚重，对外不开放，院内风沙少、噪音低。室内则设有炕床取暖，有隔断墙、碧纱罩和各种落地罩。地面常用砖墁地，分方砖和小砖两种，砖对缝墁好后还涂上桐油，并打蜡。四合院的色彩以屋顶的灰色和砖的青色为主，体现出朴素的气质。

北京四合院不用现代的钢筋、水泥，材料简单，设计与施工比较容易，是一种砖木结合的混合建筑，而且四合院以木结构为主体，因为重量轻，如遇地震，基本不会倒塌，所以还有防震的优点。其他地区四合院的材料、式样与北京四合院是基本相同的，不过有大小和高低的细微区别。这些四合院是中国民间的重要建筑遗产。

清代是北京四合院发展的巅峰时期。它继承了明代四合院的特点，同时大量吸收汉文化。清朝早期实行旗民分城居住制度，使城内的汉族人全部迁到外城，内城只留满人居住。这样在客观上充实了内城，也促进了外城的发展。官僚、地主、富商们居住的大中型四合院可以称为宫室式住宅，是清代最有代表性的居住建筑。

四合院发展到近代，产生了一些变化。这与历史发展和现实环境的变化紧密相关。近代外族入侵，西方文化渗入，这个时期建造的四合院或多或少受到西方建筑的影响，加进了一些西洋建筑的装饰成分，有些甚至在院内兴建“洋楼”。但这些变化终究是细微的，总的来说，这个时期的四合院基本保持了明清形制。

经过发展，在日本侵华期间，四合院居住性质发生了变化。这一时期，通货膨胀、物价上涨，严重影响到市民的经济状况，生活越来越困难，很多原来住独门独院的居民已经没有能力供养这么多房子。于是他们除了自己居住之外，将多余的房子出租，用租金来补贴生活。这样，一套四合院就分散成多人居住，居民的住房越来越少，院里的房客越来越多。独门独户的四合院开始变成多户杂居的大杂院。

中华人民共和国成立以后，北京传统四合院在使用上出现了根本性变化。原来四合院，尤其是贵族居住的王府、大型宅院等都是私人的，随着地主、贵族等这些阶级成分的消失，王府、宅院等也由私产变成了公产，它们多成为国家机关、学校、医院、工厂和幼儿园等公用住房。由私有变为公有，这一变化，使四合院不再具有最初的独门独户的神秘、安谧的感觉。

现今，随着生活水平的提高，一些富起来的人重新购买四合院，翻新改建，成为自己的私宅，这使四合院又回到了最初的居住性质和状态，这对于四合院起到了很好的保护效果。

第三节　雍和宫——融多民族建筑艺术于一体

雍和宫位于北京市东城区内城的东北角，是原来的雍亲王府。它的旧址原来是明代太监的官房。清朝康熙帝在这里建造府邸，并赐予四皇子胤禛，占地面积有6万多平方米，殿宇千余间，现为藏传佛教寺院。它在历史上的发展可以分为以下几个阶段。

最初为胤禛居住的“贝勒府”，后来胤禛晋升为“和硕雍亲王”，贝勒府也就随之成为雍亲王府。1722年，胤禛继承皇位，成为雍正皇帝，迁入宫中，但仍然对这里有很深的感情，于是赐名“雍和宫”，成为自己游玩时临时居住的“行宫”，“雍和宫”的名字也从此正式确定下来。1735年，雍正皇帝驾

崩，乾隆帝即位，他将父亲雍正帝的梓棺安放在雍和宫内，后来又将棺椁移走，但是雍正帝的影像仍然常年供奉在这里。1744年，乾隆帝将雍和宫改为藏传佛教寺庙。其实，在这之前的近10年里，雍和宫中的许多殿堂已经成了藏传佛教喇嘛颂经的地方。

1983年，国务院将雍和宫确定为全国佛教重点寺院，可以说雍和宫是全国规格最高的一座佛教寺院。雍和宫由最主要的五进大殿组成，它们分别是天王殿、雍和宫大殿、永佑殿、法轮殿和万福阁。整个布局从南向北逐渐缩小，而殿宇则依次升高，形成“正殿高大而重院深藏”的格局，具有汉族、满族、蒙古族和藏族等多种特色。

雍和宫最南面是大门和一座巨大的影壁，还有一对石狮，东、西和北面各有一座牌楼，穿过北面的牌楼，向里走，是一条长长的辇道，由方砖砌成，两边绿树成荫。穿过辇道，便是雍和宫的大门——昭泰门，东、西两侧分别是钟楼和鼓楼，鼓楼旁边有一口大铜锅，重8吨，相传曾用来熬腊八粥。再向北便是八角碑亭，亭中的碑文记载着雍和宫的历史，也用汉、满、蒙、藏4种文字书写。

在两座碑亭中间的正北面，是雍和门，上面悬挂的“雍和门”大匾是乾隆皇帝亲手书写的。进入雍和门就是天王殿，殿前有造型生动的青铜狮子，殿内正中是弥勒菩萨的塑像，他袒胸露腹、笑容可掬地坐在金漆雕龙宝座上。大殿两侧是四大天王的彩色塑像，他们都脚踏鬼怪，栩栩如生。弥勒塑像后面是脚踩浮云、戴盔披甲的护法神将韦驮。

天王殿北面，穿过四角御碑亭，是雍和宫大殿，主殿原名银安殿，是当初雍亲王接见文武官员的场所，改建后，相当于寺院的大雄宝殿。殿内供奉着三世佛像，铜质的，近两米高。正北面是一组佛像，有三座，中间是释迦牟尼佛、左边是药师佛、右边是阿弥陀佛，中三座佛是横向的空间世界的三世佛，各地大雄宝殿多供奉这样的横三世佛。除此之外，在殿内东北角，供奉着观世音立像。西北角供奉着弥勒佛立像。殿中两面端坐着十八罗汉。

在雍和宫大殿的东、西两端，分别有密宗殿、药王殿、讲经殿和数学殿，被称为“四学殿”。

雍和宫大殿的北边是永佑殿。它原是雍正帝为亲王时的书房和寝殿，雍正帝去世之后，灵枢就安放在这座大殿内，后来永佑殿就成为清朝供奉先帝的地方。“永佑”也寓意着永远保佑先帝亡灵。永佑殿是“明五暗十”构造，外面看是五间房子，实际上是两个五间合并在一起改建而成的。现在殿内也供奉着阿弥陀佛、药师佛、狮吼佛三尊佛像，两米多高，用檀木雕制而成。

▲雍和宫的琉璃瓦绿色变黄色。古代一般的建筑包括寺庙都是青砖绿瓦，人们只能在皇宫才能看到金色琉璃瓦。但因为雍正的灵柩停放在了雍和宫，当时的雍和宫只是行宫，为了合乎礼制，雍和宫应该上升到皇宫的等级，就把雍和宫主殿上的绿色琉璃瓦改成了黄色琉璃瓦。

北面挨着永佑殿的是法轮殿，它是雍和宫内最大的殿堂。法轮殿平面呈十字形，是汉藏文化交融的结晶。殿顶上有5座天窗式的暗楼和5座铜质镏金宝塔，是藏族传统建筑形式。殿内正中莲花台上的铜制佛像高6米，是藏传佛教黄教的创始人宗喀巴大师。宗喀巴像背后，是五百罗汉山，高近5米，由紫檀木精细雕刻而成，被誉为雍和宫木雕三绝之一。五百罗汉山前是“洗三盆”，是用金丝楠木雕成的木盆，据说乾隆帝出生后三天，曾用此盆洗澡。法轮殿的东、西两侧是班禅楼和戒台楼。

最北边的大殿则是万福阁。万福阁高25米，有飞檐三重。阁内巍然矗立着一尊高18米的弥勒佛，由名贵的白檀香木雕刻而成，是七世达赖喇嘛的进贡礼品，这尊大佛也是雍和宫木雕三绝之一。万福阁东面是永康阁，西面是延绥阁，两座楼阁有飞廊连接，像是仙宫楼阙，具有辽金时代的建筑风格。

值得一提的还有雍和宫的琉璃瓦。雍和宫主要殿堂的琉璃瓦原为绿色，雍正驾崩后，因在这里停放灵柩，则将绿色琉璃瓦改为黄色琉璃瓦。又因乾隆皇帝也诞生在这里，雍和宫出了两位皇帝，成了“龙潜福地”，所以殿宇为黄瓦红墙，与紫禁城皇宫规格一样。

第四节　颐和园——“皇家园林博物馆”

颐和园位于北京市西北郊的海淀区，占地约290万平方米，是中国现存规模最大、保存最完整的皇家园林，被誉为“皇家园林博物馆”。

颐和园的前身是清漪园。乾隆帝为了给母亲庆祝六十寿辰，大兴土木，在山巅建造“大报恩延寿寺”，并将这座山改名为万寿山。后来乾隆帝又以兴水利、练水军为名，扩展湖面、修筑水堤，建成了大规模的园林，这便是清漪园。鸦片战争后，外国侵略者大肆侵略中国，1860年，英法联军占领北京后，抢掠并毁坏了清漪园。1886年，慈禧太后用海军军费重新修建了这座园林，并改名为颐和园，取“颐养冲和”之意。1900年，八国联军侵华时又毁坏此园。1905年，慈禧太后重新修复，并添加了不少建筑物，基本上形成了现存的颐和园的布局。

颐和园以万寿山和昆明湖为基址，仿照杭州西湖风景，吸取江南园林的设计手法建造成的一座大型天然山水园，是慈禧用来消夏游乐的场所。

颐和园规模宏大，主要由万寿山和昆明湖两部分组成，园中建筑按照功能大致分为三个区域。政治活动区以仁寿殿为代表，是慈禧太后与光绪帝从事内政外交等活动的主要场所。生活区以乐寿堂为代表，是慈禧太后、光绪帝及后妃居住的地方。风景游览区以万寿山和昆明湖等组成，主要供慈禧等人游玩。整座园林由南到北可以分为昆明湖、万寿山以及后湖三部分。

颐和园的水面面积约220万平方米，占全园面积的3/4，由昆明湖、西湖、南湖组成，其中昆明湖是颐和园的主要湖泊。湖中碧波荡漾，烟波袅袅，景色十分美丽。昆明湖东岸是一道拦水长堤，湖中也有一道自西北向南的西堤，西堤及其支堤把湖面划分为三个大小不等的水域，每个水域各有一个湖心岛。这三个湖心岛象征着中国传说中的东海三神山——蓬莱、方丈、瀛洲。湖堤的分割使湖面显得更加具有层次。西堤以及堤上的六座桥是模仿杭州西湖的苏堤和“苏堤六桥”，这使昆明湖和西湖很相似。

十七孔桥坐落在昆明湖上的东堤和南湖岛之间，宽8米，长150米，由17个桥洞组成，为园中最大石桥。石桥两边栏杆上雕有几百只形态各异的石狮。东桥头北侧有用铜铸造的铜牛，称为“金牛”，设置铜牛是为镇压水患。

颐和园的大部分殿宇建筑都是依万寿山而建的。在万寿山的东南角，是

▲颐和园十七孔桥。

颐和园的正门，也就是东宫门。东宫门当年只供清朝帝后出入，门前的云龙石上雕刻着二龙戏珠，象征着皇帝的尊严，这是从圆明园废墟上移来的，为乾隆时所刻。六扇大门也装饰得十分尊贵华丽，朱红色大门上嵌着整齐的黄色门钉，中间檐下挂着九龙金字大匾，上面写着光绪皇帝亲笔题写的“颐和园”三个大字，门楣檐下还全部用油彩描绘着绚丽的图案。

进入东宫门之后是一片密集的宫殿，是清朝皇帝从事政治活动和生活起居的地方。其中离东宫门最近的仁寿殿是朝见群臣、处理朝政的正殿，两侧有南北配殿。仁寿门外的南北九卿房中陈列着精美的铜龙、铜凤和铜鼎。仁

▲颐和园石船画舫。舫，是一种仿照船的造型，在水面上修建的建筑。一般来说，石舫多见于我国古代皇家园林中。石舫建于乾隆二十年（1755年），这个石船的原型是乾隆下江南时乘坐的宝船“安福舻”号，当年这个石船全部用巨石打造而成，船上都是用油漆装饰成大理石纹样的二层白色木结构楼房，可谓精美绝伦，只是现在已不复当年了。

寿殿的北面德和园有为庆贺慈禧太后六十寿辰所建造的大戏台，据说建造这个大戏台曾耗白银160万两。德和园西面的乐寿堂是寝宫，它面临昆明湖，背倚万寿山，东达仁寿殿，西接长廊，是园内位置最好的居住和游乐的地方。乐寿堂殿内设宝座、御案及玻璃屏风、两只青龙花大磁盘和四只大铜炉。乐寿堂的庭院中陈列着铜鹿、铜鹤和铜花瓶，取意为“六合太平”。院内种植着寓意“玉堂富贵”的玉兰、海棠、牡丹等花卉。

乐寿堂西面连接着长廊，它沿昆明湖岸而建，东起邀月门，西到石丈亭，全长728米，共273间，是中国园林中最长的游廊，也是现今世界上最长的长廊，已列入“吉尼斯世界纪录”。长廊的每根枋梁上都有彩绘，有14000余幅，内容包括山水风景、花鸟鱼虫、人物典故等，均取材于成语或典故。

在长廊西端湖边，有一条大石船，叫清晏舫，寓“海清河晏”之意。石舫长36米，用大理石雕刻堆砌而成，船身上建有两层船楼，船底花砖铺地，窗户为彩色玻璃，顶部砖雕装饰，是颐和园内唯一带有西洋风格的建筑。下雨时，落在船顶的雨水通过四角的空心柱子，由船身的四个龙头口排入湖中，设计十分巧妙。

处在开旷的万寿山前山中心的是排云殿和佛香阁，它们是全园的主体建筑。排云殿是园中最堂皇的殿宇，用来礼拜神佛和举行典礼。佛香阁则是全园的制高点，高38米，八角三层四檐。佛香阁后面山巅有琉璃无梁殿“智慧海”，它是万寿山顶最高处一座宗教建筑，外层用黄、绿两色琉璃瓦装饰，上部用少量紫、蓝两色琉璃瓦盖顶，色彩鲜艳，富丽堂皇。嵌于殿外壁的千余尊琉璃佛十分富有特色。它全部用石砖砌成，没有承重的梁柱，所以称为“无梁殿”。殿内供奉了无量寿佛，因此也称为“无量殿”。

万寿山的后山有狭长而曲折的湖水，称为后湖，林木茂密，环境幽邃，有一段为“苏州河”，临“苏州河”的是“苏州街”，是仿照苏州街道市肆而建的。

颐和园既具有中国皇家园林的恢宏富丽的气势，又充满自然之趣，高度体现了“虽由人作，宛自天开”的造园准则，集造园艺术之大成，在中外园林艺术史上地位显著。

▲颐和园佛香阁。

第五节　承德避暑山庄——中国自然形貌的缩影

承德避暑山庄位于河北省承德市市区北部，是清代康熙帝为了避暑所建造的离宫，又称承德离宫或热河行宫。始建于1703年，历经清康熙、雍正、乾隆三朝，耗时89年建成。占地564万平方米，由皇帝宫室、皇家园林和宏伟壮观的寺庙群组成，是中国现存最大的古典皇家园林，与颐和园、拙政园、留园并称为“中国四大名园”。

从康熙时直到咸丰末年，皇帝后妃常常在夏季来山庄避暑，除此之外，皇帝还在此处理军政要事，接见少数民族首领和外国使节，秋季皇帝也带领军队大臣、妃嫔子孙等数万人来这里狩猎，以达到训练军队、巩固边防的目的。

承德避暑山庄从整体上可以分为宫殿区和游览园区两大部分，园区按照地形的不同又可分为湖区、平原区和山岭区三部分。

宫殿区是居住、处理朝政以及举行庆典的地方，位于湖泊南岸，靠近承德市区一边，正门向南，占地10万平方米，由正宫、松鹤斋、万壑松风和东宫四组建筑组成。正宫是其中的主体建筑，包括“前朝”“后寝”两部分，共9进院落。主殿叫“澹泊敬诚”，是用珍贵的楠木建成，因此也叫楠木殿。“松鹤斋”是乾隆母亲所居住的地方。“万壑松风”是康熙帝赐予乾隆帝居住的殿宇，康熙帝常常在此教导乾隆帝，乾隆帝在继位之后还将此题名为“纪恩堂”。东宫在松鹤斋的东面，听戏的“清音阁”就在其中。1945年，日军入侵承德后将东宫烧毁，现在仅存基址。

湖区在宫殿区的北面，约43万平方米，有8个小岛屿，将湖面分割成大小不同的区域，统称为塞湖。湖面浩渺，风景建筑多是仿照江南名胜建造的。

例如“芝径云堤”是仿照杭州西湖、“烟雨楼”是模仿浙江嘉兴南湖烟雨楼，等等。湖中的小岛上有一组建筑叫“如意洲”，是风景区的中心，如意洲中的假山、凉亭、殿堂、庙宇等建筑都布局非常巧妙。另外一座岛上有一组叫“月色江声”的建筑，是由一座精致的四合院和几座亭、堂组成。夜晚月光照着湖水，让人心神宁静。

湖区北面有一片较大的空地就是平原区。平原区地势开阔，约占60万平方米，主要是草地和树林。草原分布在西部，以试马埭为主体，皇帝常常在这里举行赛马活动。林地则分布在东部，称万树园，一些重要的政治活动则在此进行。万树园内有许多蒙古包，其中最大的御幄蒙古包，相当于皇帝的临时宫殿，乾隆帝经常在此召见少数民族的王公贵族、宗教首领和外国使节。万树园西侧为中国四大皇家藏书名阁之一的文津阁。

山岭区分布在山庄的西北部，面积最大，约占全园的4/5，山峦起伏，沟壑纵横，依地势建造了一些小巧而富于变化的楼堂、殿阁以供休息，不少庙宇也点缀其间。它们都根据山地的特点，布置得错落有致。在山区布置大量的风景点，形成了山庄特色。

承德避暑山庄虽然是皇家园林，但是它依山傍水，整体布局巧用地形，分区明确，景色丰富，即使是宫殿区，殿宇和围墙也多采用青砖灰瓦，与北京紫禁城相比，朴素淡雅。风景园区则更具有自然野趣，取自然山水之本色，整个山庄东南多水，西北多山，可以说是中国自然地貌的缩影。宫殿与天然景观融为一体，达到了回归自然的境界。

第六节　承德“外八庙”——藏传佛教建筑

“外八庙”是河北承德避暑山庄东北部8座藏传佛教（又称喇嘛教）寺庙的总称。1713年至1780年陆续建成。当时清朝在今承德地区修建了许多寺庙，除了避暑山庄中的，在山庄东北部有12座，其中，溥仁寺、溥善寺、安远庙、广缘寺、普佑寺、普宁寺、须弥福寿之庙、普陀宗乘之庙、殊像寺9座庙，朝廷在此设置了8个管理机构（普佑寺附属于普宁寺），派驻喇嘛，因承德地处北京与长城之外，清正史中将这9座寺庙称“外庙”，俗称外八庙。后来人们所称外八庙实际上泛指避暑山庄外面由朝廷直接管理的所有庙宇。

外八庙中所有的寺庙都是基于民族团结而修建的。皇帝每年都有很长一段时间在避暑山庄消夏避暑，以及处理军政要务。在这期间，大批蒙藏等少数民族首领和外国使臣来朝见和参加庆典。为了给这些政教人物提供瞻礼和膜拜等佛事活动的场所，清廷修建了这些庙宇。在建筑风格上，这些寺庙不仅应用了琉璃瓦顶、方亭、牌楼等汉族建筑的传统手法，同时也应用了梯形窗、喇嘛塔、镏金铜瓦等藏族、蒙古族的建筑手法，是汉、蒙、藏文化交融的典范。

外八庙中最早建造的是溥仁寺和溥善寺，建于康熙年间（1713年），其余10座寺庙则都是建于乾隆年间，现在溥善寺已毁。康熙六十大寿的时候，蒙古部落的王公贵族前来祝寿时，请求建造寺庙以表示祝贺。康熙帝于是在山庄外修建了这两座庙。溥仁寺采取汉族寺庙样式，正殿“慈云普荫”内供奉着迦叶、释迦牟尼和弥勒三世佛，两侧有十八罗汉。后殿“宝象长新”内供奉着九尊无量寿佛。

普宁寺建于1755年，位于山庄北部武烈河畔，是外八庙中保存最为完整

▲外八庙之普陀宗乘之庙，依山而建，主要是藏传佛教的建筑风格，全庙布局、气势仿照拉萨布达拉宫，俗称“小布达拉宫”。

的寺庙，也是外八庙宗教活动的中心。因寺内有一尊金漆木雕大佛，所以又被称为大佛寺。是清政府为了庆祝平定蒙古准噶尔部的叛乱而修建的，表达了清政府希望边疆人民安定统一，普天之下永远安宁的愿望。普宁寺以大雄宝殿为界分前后两部分，前半部分是汉族传统寺庙的风格，是以山门殿、天王殿、大雄宝殿为中轴线，左右对称建有钟楼、鼓楼、东西配殿的七堂式布局。后半部分则是藏式寺庙的风格，是仿西藏三摩耶庙的形式修建的，以大乘阁为中心。大乘阁中供奉有千手千眼观音像，这座观音像高20多米，是中国也是世界上现存最大的金漆木雕佛像，已被列入吉尼斯世界纪录。

普佑寺建于1760年，位于普宁寺东面。该寺曾是外八庙喇嘛以及蒙古各部喇嘛的“经学院”，喇嘛在此学习显宗、密宗、医学、历算“四学”。普佑寺也是进行宗教活动的重要场所，寺庙建筑样式以汉族为主。

安远庙建于1764年，因仿照新疆伊犁河北部的固尔扎庙修建的，所以又称伊犁庙。这座庙内外有三层墙垣围绕，庙内主体建筑是普渡殿，高三层，顶部用黑琉璃瓦覆盖。最下层檐以下的实墙上辟有梯形盲窗，具有藏族建筑风格。殿内中空，三层上下贯通。顶部装饰着八角形藻井，中见雕塑着口衔明珠的盘龙。殿内供奉度母佛，传说是观音化身。

普乐寺建于1766年，在安远庙以南，其名取“先天下之忧而忧，后天下之乐而乐”之意。普乐寺建筑为汉藏结合式，前半部分（西部）依照汉族寺庙样式由山门、天王殿、钟鼓楼、配殿、正殿组成。后半部分（东部）则为藏式风格。寺内主体建筑是旭光阁，是仿北京天坛的祈年殿而建造的。普乐寺坐东面西，打破了传统寺庙坐北朝南的格局，中轴线正对着避暑山庄。它与溥仁寺、安远庙、普宁寺等遥相呼应，共同包围着避暑山庄，形成了一个众星捧月的格局。

普陀宗乘庙于1771年修建，是外八庙中规模最大、最辉煌的一座。它是乾隆帝为了庆祝自己六十寿辰和皇太后八十寿辰而建的，也成为西藏达赖喇嘛以及蒙古部落王公进贡朝贺的地方。“普陀宗乘”是藏语“布达拉”的音译，这座庙宇是仿照拉萨的布达拉宫而建的，所以又称为小布达拉宫。普陀宗乘庙仿藏式建筑修造，依山就势，逐层升高，寺内有大小建筑约60处，主体建筑是大红台，高43米，台中央的万法归一殿是主殿，殿顶部用镏金鱼鳞铜瓦覆盖，极其雄伟壮观。

殊象寺建成于1774年，位于普陀宗乘庙西面，坐北朝南，寺庙布局是仿照五台山殊象寺，是典型的汉式寺庙。全寺主殿会乘殿中供奉着文殊菩萨。

须弥福寿庙建于1780年，是外八庙中最晚建造的，是为了接待班禅所修建的。这座庙宇从整体上看是典型的藏族寺庙，但是某些个体和细部也体现出汉族建筑风格。山门门楼上悬挂着乾隆皇帝书写的“须弥福寿”匾额，从山门进入，由南向北有碑亭、琉璃牌坊、大红台、金贺堂、万德宗源殿、琉

璃万寿塔等主要建筑，它们沿一条中轴线采取左右基本对称的布局排列。

承德外八庙雄伟宏大，多采用彩色琉璃瓦，呈现出富丽堂皇景象，与避暑山庄的自然古朴形成鲜明对比。它们在建筑风格上多是汉藏结合式的，体现出民族文化的融合。另外，外八庙中的建筑，有些是多层楼阁，体形庞大但中空的建筑，这反映出中国古代工匠运用合理的构架形式与拼接方法建造高层木制房屋的技术水平。这些寺院多数依山而建，巧妙利用地形来解决平面高差问题，反映出清代前期建筑技术和建筑艺术的成就。

第七节　退思园——贴水而建，步移景异

退思园位于江苏省吴江市同里镇，建于清朝光绪年间。园主是任兰生，字畹香，号南云。任兰生曾做官，但因贪赃被罢官，回乡之后请同里人袁龙为他设计并建造了这一私人宅园。园名“退思”是取《左传》中“进思尽忠，退思补过”之意。退思园总占地面积仅9.8亩，设计者袁龙根据江南水乡的特点，巧妙构思，设计了坐春望月书楼、退思草堂、畹香楼等建筑。

退思园布局小巧玲珑，不讲究园林的气势与气魄，而追求神韵与诗意，建筑风格淡雅素朴。与以往园林不同的是，退思园采用横向结构，这一方面是因地形所限，另一方面也因园主不愿露富，因此形成了东西横向的格局。

退思园总体上可以分为三部分。最西面的为住宅部分，东面为园林部分，中间是庭院，庭院可以看作由住宅向园林的过渡。

住宅部分分为内宅和外宅，内宅是生活起居之处，南北各建有一幢五楼五底的楼，名为“畹香楼”，楼与楼之间由东西双重廊贯通，俗称“走

▲同里古镇退思园。退思园布局独特，融亭、台、楼、阁、厅、堂等于一体，并以池为中心，建筑如浮在水上。再结合植物配置，点缀四时景色，给人以清澈、幽静、明朗之感。

马楼”。外宅则是厅堂，有轿厅、茶厅、正厅三进。轿厅、茶厅一般用来接待客人以及停放车轿之用。但当贵宾到来或者遇到婚嫁喜事以及进行祭祖典礼的时候，则开正厅，以表示隆重。正厅两侧原有“钦赐内阁学士”“凤颍六泗兵备道”“肃静”“回避”四块执事牌，十分庄重肃穆。

住宅以东则是园林部分，园林也分为东西两部分，西部是庭院，东部是花园。庭院是主人读书和待客的地方，位于庭院北面的“坐春望月楼”是庭院的主体建筑。楼前放置着一条旱船，船头向东，指向“云烟锁钥”月洞门，月洞门是庭院与花

园相通的地方，旱船船头指向洞门，就像是一只等待起航的船，将游人引向东部花园。旱船南面是岁寒居，冬日里，在岁寒居中透过花窗，可以看到蜡梅、苍松与翠竹，意境十足。与岁寒居平行，位于岁寒居东面的是迎宾馆，园主经常在此宴会友人。

由月洞门进入花园，这便是整个退思园的主体部分。整个花园以水池为中心，围绕水池分布着亭阁、假山等。从月洞门进入后，首先是一个临水而立的亭子，称作“木香榭”，以供游人赏荷花、观游鱼。由木香榭向北穿过回廊，则是“揽胜阁”，位于整个花园部分的西北角，与庭院中的“坐春望月楼”相通。这是一座不规则的五角形楼阁，居高临下，在此即使足不出户也可一览园中美景。

揽胜阁东面是退思草堂，是整个花园的主体建筑。它位于花池的正北岸，是四面厅形式，古朴素雅，稳重气派。草堂南面有一个临荷花池的平台，在这里可以遍览环池景色，是全园最佳观景之处。退思草堂后面有一座天桥，天桥上为桥，下为廊，横空出世、前后贯通，炎热酷暑时，可以在这里乘凉消暑，堪称江南园林一绝。

退思草堂东面有一个琴房，在花园美景的环抱中，在此处弹琴，琴声轻扬，充满诗情画意。由琴房向南依次是“三曲石桥”“眠云亭”和“菰雨生凉”的临水小轩。“菰雨生凉”轩底原有三条水道，荷池碧水循环其间，盛夏时节，此处十分凉爽。由“菰雨生凉”向西穿过天桥，是“辛台”，“辛台”北面是“闹红一舸”。石舸伸向池中，虽然风吹不动，浪打不摇，但是人站在船头，仍然会有乘小舟在湖中游荡之感。

退思园在有限的空间内独辟蹊径，亭、台、楼、阁、廊、坊、桥、榭、堂、房、轩，一应俱全。全园以水池为中心，亭、堂、廊、轩等都是紧贴水面，如出水上。每一处建筑既是独立的景色，又可以互相呼应，互为对景。退思园可以说是小型园林的典范，1986年美国纽约斯坦顿岛植物园内，以退思园为蓝本，建造了江南庭园“退思庄”，可见极具魅力的退思园已经走向世界。

第八节　扬州个园——以四季假山为胜

个园位于扬州城内东关街，是清代嘉庆年间两淮盐业总商黄至筠在明代“寿芝园”的旧址上扩建而成的，是一处典型的私家园林。园主黄至筠十分喜爱竹子，“竹”字的半边是“个”字，而且，竹子顶部的每三片叶子都可以形成“个”字，竹子投影在墙上也形成“个”字，因此取名“个园”。

个园以堆砌精巧的四季假山最为著名，运用不同石料堆叠而成“春、夏、秋、冬”四景。

进入园林，首先映入眼帘的是月洞形园门，园门向南，额匾上书写着“个园”二字。园门两侧的花坛中栽种着竹子，穿插着几枚石笋，如“雨后春笋”破土而出，这便是个园中的春景。透过园门和两旁典雅的一排漏窗，可瞥见园内的楼台、花树。

进入园门后是花厅“宜雨轩”，但又因厅前种植了很多桂花，所以又称“桂花厅”。它是采用四面厅式的架构，四面都有走廊，但是为了增加厅的进深，此厅将后面的走廊围入室内，而且在步柱缝上安落地罩以分隔空间，东西两侧也改用槛窗，失去了四面厅的本意，成为四面厅的变体。

夏景位于园的西北角，它的东面与抱山楼相接。用青灰色的太湖石叠成，太湖石具有凹凸不平和“瘦、透、漏、皱”的特性，叠石多而不乱，远看像云彩与山峰一般，舒卷流畅，近看则犹如洞穴一样玲珑剔透。因为湖石

形状如同夏天的云彩，因此这座山象征着夏山。山上有葱郁苍翠的古柏，山下有池塘，碧绿的池水将山衬映得格外灵秀，池中有游鱼在睡莲之间游动，极富情趣。池塘右侧有一座曲桥，通过曲桥可以到达一个洞穴，洞穴幽深，炎热的夏天人在其中，十分凉爽。盘旋石阶而上，就可以登上山顶，山顶上，依傍着一棵老松，建有一个小亭子。

经过抱山楼的"一"字长廊，长廊尽头，园的东部便是气势雄伟的秋景，相传是清代大画家石涛所做。秋景用粗犷的黄山石堆叠而成，山势高、面积大，整个山体分中、西、南三座，有"江南园林之最"的美誉。黄山石呈棕黄色，棱角分明，整座山峻峭凌云。中峰高耸奇险，下面有一个可容纳十几人的石屋，里面有石桌、石凳、石床等，颇具生活情趣。山顶建有一个

▲扬州个园亭台楼阁。这是清代扬州盐商宅邸私家园林，个园以叠石艺术著名，笋石、湖石、黄石、宣石叠成的春夏秋冬四季假山，融造园法则与山水画理于一体，被园林泰斗陈从周先生誉为"国内孤例"。

四方亭，名“拂云亭”，站在亭上，满园佳境尽收眼底。山上有三条磴道，一条两折之后仍然回到原地，一条两转之后是绝壁。只有中间一条深入群峰之间，也可以到达山下的石屋。在山的缝隙间，倾斜地生长着古柏，使假山显得更加沧桑古老。傍晚夕阳西照，整座山犹如被洒上了一层黄金，造园者将此山面西的道理或许就在这里，这也是后人将此景命名为秋景的缘故。这座秋山，在平面上有迂回，在立体上有盘曲，上下与楼阁相通，给人以无尽之感，构筑十分精妙。

冬景在园内南墙之下，是用宣石叠成的小山。宣石是像雪一样的白色，含有大量的石英颗粒，晶莹发光。此山位于南面的高墙下，几乎终年不见阳光，因此远远望去好像积雪未消。假山堆叠的形状远观像一群欢腾雀跃的雪狮，山侧植有几株蜡梅。而且，墙上凿有24个圆孔，有风的时候，如寒风呼啸，冬天的肃杀之感十足。可见造园者不光利用“雪色”从视觉上来表现冬天，还巧妙地利用“风声”这一听觉因素也融合进去，令人拍案叫绝。在西墙上有一个洞窗，人们在游览冬景之后，透过这一洞窗，看到春景的一角，暗示着春天将要来临，使人们生出一种豁然开朗的喜悦。

个园以“四季假山”闻名，园林专家认为，这并不是造园者设计时的原意，但游人用这种眼光去玩赏和遐想，也能产生无穷趣味。

第九节　兰亭——文化气息浓厚

永和九年，岁在癸丑，暮春之初，会于会稽山阴之兰亭，修禊事也。群贤毕至，少长咸集。此地有崇山峻岭，茂林修竹，又有清流激湍，映带左右。引以为

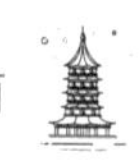

流觞曲水，列坐其次，虽无丝竹管弦之盛，一觞一咏，亦足以畅叙幽情。

这段话出自东晋著名书法家王羲之的《兰亭集序》，有“崇山峻岭、茂林修竹、清流激湍”的就是著名的兰亭。兰亭位于浙江省绍兴市的兰渚山下，是东晋著名书法家王羲之居住的地方。相传因为春秋时期越王勾践曾在这里种植兰花，汉代在这里设置驿亭，所以叫作兰亭。东晋时期，因大书法家王羲之邀请多位文人雅士在这里举办“曲水流觞”的盛会，又写下了著名的“天下第一行书”《兰亭集序》，兰亭因此闻名。因为王羲之被誉为“书圣”，所以兰亭也因此成为书法圣地。兰亭的原址几经变迁，现存的兰亭是明代嘉靖年间郡守沈启建的，清代又重新修建，后世也屡加修葺，基本保持了明清园林建筑的风格。

兰亭具有“景幽、事雅、文妙、书绝”四大特色，是中国四大名亭之一。它的布局以水为中心，四周环绕着鹅池、鹅池亭、“兰亭”碑亭、流觞亭、御碑亭、右军祠等建筑。

兰亭的入口在背面，进门之后，经过一段曲折小路，到达鹅池。相传因为王羲之爱鹅，所以以鹅来命名。鹅池四周绿意盎然，池旁有一座石质的三角亭，叫作鹅池亭，亭内的石碑上刻有“鹅池”二字，“鹅”字相传是王羲之亲手所写，刚劲有力，“池”字则是其儿子王献之补写的。因为这两字是父子所写，因此，此碑又被称为“父子碑”。鹅池的南面是土山，山上林木茂密，将流觞亭隐藏在土山的后面，这样做使人不会一览无遗，也增添了几分神秘感。

由鹅池亭向南可以到达兰亭碑亭。这是兰亭的标志性建筑，建于康熙年间，清代又重新修建，后世也屡加休憩。盝顶方亭，十分别致。亭中的石碑上刻着“兰亭”二字，是康熙皇帝所写的。

由兰亭碑亭向西，则是曲水和流觞亭。这是整个兰亭最主要的部分。曲水是一条“之”字形的水，曲水中间有一块木化石，上面刻着“曲水流觞”四个字。相传永和九年（353年），王羲之邀请了42位朝廷官员、文人雅士在兰亭修禊，他们各据曲水一方，在酒杯里倒上酒，让酒杯随水而流，酒杯停在哪个人面前，哪个人就要赋诗，否则就要饮酒三杯。这逐渐形成了一种风气，在明清时期仍然存在。“流觞亭”就是为了纪念“曲水流觞”这一活动而修建的，亭上的匾额上的“流觞亭”三个字是光绪年间江夏太守李树堂题写的。亭背面还悬挂着由同治年间杨恩澍所书写的、永和年参加这一活动的文学家孙绰所作的《兰亭后序》全文。

流觞亭南面的是御碑亭。建于康熙年间，八角重檐。亭内有一座巨大的御碑，已有300多年的历史。御碑正面是康熙手书的《兰亭集序》全文，秀美而华贵。御碑背面是乾隆皇帝游兰亭时即兴所作的一首七律诗《兰亭即事诗》，因为祖孙两代皇帝同书一碑，所以这座碑又称“祖孙碑”。

御碑亭西面是“右军祠”，这是王羲之的祠，因为王羲之在东晋时曾官至右军将军，常被称为王右军，故此得名右军祠。建于康熙年间，粉墙黛瓦。祠堂建在水池之中，四面临水，祠堂内还有水池，因此内外都有水，这可以说是该祠堂的一大特色。“右军祠”南面是用回廊围绕的方形“墨华池”与墨华亭，周围回廊墙上镶有唐宋以来历代书法名家所书写的《兰亭集序》石刻。

兰亭环境优美，文化气息浓重，若风和日丽之日，在此饮酒会友，也可以感受到我国古代文化的风雅情趣。

第十节　客家土楼——神话般的山区建筑

客家人是为了躲避战乱和饥荒从黄河流域逐渐南迁的汉人，而逐渐南迁，由于多次迁徙，因此形成了客家散布许多地区的局面。

由于迁到新的地方居住，会遇到许多困难，需要大家互相帮助，同心协力去解决，因此，客家人每到一处，总要本姓本家人聚居在一起。而且，客家人多居住在偏僻的山区，建筑材料匮乏，且豺狼虎豹以及盗贼很多，居住环境危险而复杂，这样也就形成了独特的城堡式客家民居建筑——土楼。客家土楼，也称福建圆楼，主要分布在福建省的龙岩、漳州等地区。

客家土楼是一种具有抵御性与自卫性的居住样式。同一个祖先的子孙们在一幢土楼里形成一个独立的社会，共同发展，共同抵御外界的敌人。出于这种防卫需求，土楼的外墙都十分高大厚实，客家人将竹筋、松枝放入生土墙中，与土和石块混合，十分牢固。因为土楼是一种集体性建筑，所以具有造型大的特点。以一座普通的圆形土楼为例，它有三四层楼高，直径大约有五十多米，一般有百余间住房，容纳二三百人。而大型的土楼高五六层，直径可达七八十米，内有四五百间住房，可住七八百人。因此土楼体积之大，堪称民居之最。

土楼虽然分布在不同的地区，形式上略有区别，但是他们建造的目的相同，所以在形制上有很多共同之处。在土楼中，祠堂是必不可少的，而且以祠堂为中心，供奉祖先的中堂位于整座土楼的正中央。土楼虽然呈圆形、方形、弧形、四角形、五角形等多种形状，但是它们都呈中轴对称，保持了北方传统四合院的传统格局性质，而且土楼的基本居住模式是单元式住宅。

永定客家土楼是客家住宅的典型。永定县是福建土楼的发源地，也是拥有福

▲福建永定土楼。永定土楼是世界上独一无二的山区民居建筑，是中国古建筑的一朵奇葩。它分方形和圆形两种，以历史悠久、风格独特，规模宏大、结构精巧著称。

建土楼最多的县，拥有著名的“福建土楼王”承启楼、“土楼王子”振成楼和“土楼公主”振福楼。永定土楼分为圆楼和方楼两种，其中圆形土楼最具有客家传统色彩，最震撼人心。

方形虽然不是土楼最传统和典型的形式，但却是土楼最早时候的形式。这种方形土楼有宫殿式、府第式等，体态不一，但都坚实牢固，且具有神秘感。土楼中可以囤积粮食、饲养牲畜等，而且十分安全，只要将大门牢牢守住，土楼就成了一座坚实的堡垒。方形土楼具有方向性，但是同时也具有四角阴暗的缺点。因此客家人又开始设计和建造圆形土楼，以利于通风和采光。

圆形土楼是土楼中的典范，堪称天下第一楼。它像地下冒出来的“蘑菇”，又像天上降下的“飞碟”，一般它以一个圆心出发，一层层向外展开，就像环环相套的湖中的水波。一般的土楼都由两三圈组成，最中心的地方是家族祠院，向外依次为祖堂、族人居住的房屋。整个土楼房间大小一致，共同使用楼梯。外圈高十余米，一般是四层，一层是厨房和餐

厅，二层是仓库，三层、四层是卧室；祖堂是居住在楼内的几百人举行婚丧和庆典的场所。楼内还有水井、浴室、磨坊等设施。永定的承启楼就是圆形土楼，位于古竹乡高北村，是清朝顺治年间建造的，建筑面积6800多平方米，是福建土楼中规模最大的圆楼，被誉为“福建土楼王”。承启楼共有四环，由内到外，最中心是祠堂大厅，第二环是客厅，第三环有两层，用作厨房和畜圈。最外环直径达72米，且有四层高，底层用作厨房和畜圈，二层用来储藏，三层和四层则是卧室。全楼共有392个房间，鼎盛时期曾住过800多人。

环极楼是永定客家土楼中比较特别的一个，是苏卜臣于清康熙年间建成的。这座土楼最特别之处是楼内部中心无祠堂，是空旷的院落。这在重礼循纲的封建社会是不可思议的，也是绝无仅有的，因此它又被称为“忤逆楼”。而且环极楼抗震性能特别强，300年来历经多次地震，但依然保存完好。据县志记载，1918年永定发生7级大地震，余震数次，环极楼正门上方第四层厚墙被震裂，楼顶的砖瓦几乎全被震落了，可是由于向心力和架构的牵引，地震过后，裂缝竟奇迹般地慢慢合拢，整个楼体安然无恙。

客家土楼除具有防卫作用外，还具有防震、防盗以及通风、采光好、冬暖夏凉等特点。是民居建筑与社会、科学和艺术的巧妙结合，体现了客家人的智慧。

第十一节　沈阳故宫——看着明朝衰落，陪着清朝成长

沈阳故宫，也称奉天行宫、盛京皇宫等，位于沈阳市沈河区明清旧城中心，始建于后金时期，是清朝入关以前的宫殿。清顺治元年移都北京后，这

里成为“陪都宫殿”，后来称之为沈阳故宫。它与北京故宫是中国仅存的两大完整的明清皇宫建筑群。从康熙帝开始，清朝历代皇帝东巡祭祖都曾驻扎于此。

沈阳老城的大街呈“井”字形，故宫就处在“井”字形大街的中心，始建于1625年，建成于1636年，占地6万平方米，现有古建筑114座，具有满族特色。

按照建造时间的先后和建筑的布局，沈阳故宫可以分为东路、中路、西路三部分。东部建造最早，是在努尔哈赤时期建造的，主要包括大政殿和十王亭，这是清朝皇帝举行大典以及王公大臣议政之处。中部是清太宗皇太极时期建造的，主要包括大清门、崇政殿、凤凰楼以及清宁宫。其中大清门到清宁宫这条线也是整座沈阳故宫的中轴线，崇政殿是整座沈阳故宫的核心。西部则建造于乾隆时期，主要包括文溯阁和嘉荫堂。整座皇宫殿宇巍峨，富丽堂皇。

大政殿，位于整座皇宫的东北方向，始建于1625年，最初称为大衙门，后改名笃恭殿，最后又改为大政殿。因是一座八角重檐亭式建筑，所以又俗称八角殿，是沈阳故宫内最庄严神圣的地方。举行重大典礼或者重要政治活动时，如皇帝即位、颁布诏书、宣布军队出征、迎接将士凯旋等都是在这里举行，顺治皇帝就是在此登基即位的。大政殿是八角尖顶，殿顶铺设着黄色琉璃瓦，正中是相轮火焰珠顶，周围有八条铁链与力士相连。殿前有两根盘龙柱，以示庄严。殿内为梵文天花和降龙藻井图案，设有宝座、屏风及熏炉、香亭、鹤式烛台等摆设。

大政殿以南则是十王亭。十王亭在大政殿两侧呈“八”字形依次排列。满族军政合一的组织形式是“八旗”，黄、红、蓝、白、镶黄、镶红、镶蓝、镶白这八旗将满族人都编入进来，受清朝皇帝统领。十王亭中的南端八亭是八旗首领处理政务的地方。北端二亭是左、右翼王亭。

▲沈阳故宫的大政殿。大政殿是一座八角重檐亭式建筑，俗称八角殿 。始建于1625年，是清太祖努尔哈赤营建的重要宫殿。此殿为清太宗皇太极举行重大典礼及重要政治活动的场所。

其实，从建筑上看，大政殿也是一个亭子，不过因为它体量较大，装饰华丽，因此称为宫殿。这种君臣在一起处理政务的现象，在历史上是少见的。大政殿和十王亭子，建筑格局是脱胎于少数民族的帐殿，这11座亭子，就是11座帐篷的化身。

中部最南面是大清门，它是沈阳故宫的正门。俗称午门，是文武百官候朝、领赏、谢恩的地方。它是一座面阔五间的硬山式建筑，房顶满铺黄琉璃瓦，十分华丽。尤其大清门山墙的最上端，三面都镶嵌着五彩琉璃镶，雕刻着凸出的海水云龙以及象征富贵吉祥的各种动物的花纹，做工精细，栩栩如生。

进入大清门向北，便是崇政殿。崇政殿俗称“金銮殿”，是日常朝会和处理政务的地方，是沈阳故宫最重要的建筑，其位置也处于整座皇宫中部的前院正中间。整座大殿面阔五间，进深三间，全是木结构。殿顶也是铺黄色琉璃瓦，正脊装饰着五彩琉璃龙纹及火焰珠。殿柱是圆形的，两柱间连接的是一条雕刻的整龙，龙头探出檐外，龙尾直入殿中，增加了殿宇的帝王气魄。殿身的廊柱则是方形的，望柱下有吐水的螭首。殿前月台的两角，东面是日晷，西面是嘉量。殿内装饰着彩绘，陈设着宝座、屏风熏炉、香亭、烛台等。

崇政殿北面则是凤凰楼，建造在4米高的青砖台基上，有三层，这座楼是当时沈阳城内最高的建筑物，“盛京八景”中有“凤楼晓日”“凤楼观塔”等说法。三滴水歇山式围廊，楼顶铺黄琉璃瓦，楼中藏有乾隆御笔亲题的“紫气东来”匾。

由凤凰楼在向北则是清宁宫。清宁宫是清太宗皇太极和皇后居住的寝宫。除此之外，家祭和家宴也在清宁宫举行。因此清宁宫的门开在东次间，封闭成“东暖阁”用于居住，西侧四间贯通成“口袋房”式，便于祭祀和家宴。宽大的支摘窗、棂条皆以“码三箭”式相交、宫门不用槅扇式、以及正对宫门竖立祭天的索伦竿，这些都源自满族民间的传统风格。殿前后的方形檐柱上装饰着兽面和彩绘，这则是吸收了汉、藏民族的建筑艺术。

皇宫西部的主体建筑是文溯阁，是为存放四库全书而建造的藏书楼。文溯阁是仿照浙江宁波的天一阁的建筑形式而建造的，面阔六间，二楼三层重檐硬山式，这座楼阁的彩绘与皇宫中其他建筑的有所不同。皇宫中大部分建筑的彩绘都是以红黄为主，而文溯阁廊上铺盖的是黑色琉璃，前后廊檐柱的地仗都是绿色的，所有的门、窗、柱也都漆成绿色，外檐彩画以蓝、绿、白相间的冷色调为主。而彩绘画题材也不用宫殿中常见的行龙飞凤，而是以“白马献书”“翰墨卷册”等与藏书楼功用相符的图案，给人以古雅清新之感。

沈阳故宫具有鲜明的满族特色，也含有汉、蒙、藏等民族的建筑特点，具有很高的历史和艺术价值，现成为沈阳故宫博物院。

第十二节　曲阜孔庙——世界孔庙的范本

曲阜孔庙位于孔子的故乡山东省曲阜市，建于公元前478年，是第一座祭祀孔子的庙宇。它是在孔子故居的基础上、以皇宫的规格而建造的。公元前478年，也就是孔子死后的第二年，鲁哀公将其故宅改建为庙，此后历代帝王不断扩建孔子庙，清代雍正帝时扩建成现在的规模。曲阜孔庙是中国古代大型祠庙建筑的典范，也是全世界两千多座孔子庙的先河和范本。

现存孔庙有前后九个院落，纵向轴线贯穿整座建筑，左右对称，布局严谨，气势宏伟。前三个院落布置导向性建筑物，如门或牌坊。第四院落及以后是庭院，主要建筑有奎文阁、杏坛、大成殿等，是庙地的本身。

棂星门是孔庙的一个牌坊。棂星即灵星，古代祭天，先要祭祀灵星。孔庙中将门取名为棂星，就是说尊敬孔子要像尊敬上天一样。明代时，棂星门是木制的，到了清乾隆年间，就换成了石门。棂星门有四楹三间，四根圆石柱上都雕饰着祥云图案，圆柱顶端则雕刻着怒目端坐的天将。额枋上雕刻着火焰宝珠，下面刻有乾隆皇帝手书的“棂星门”三个大字。棂星门里建有二坊，南面是太和元气坊，建于明嘉靖年间，“太和元气”是赞颂孔子的思想如同天地生育万物一样，对人们产生深远的影响。北面是至圣庙坊，明代时叫作“宣圣庙”，雍正年间改成了现在的名字。

向北过圣时门、弘道门、大中门、同文门，则到了奎文阁。奎文阁始建于宋，最开始叫“藏书楼”，后来金代重修时改名“奎文阁”。“奎”与“禄星”一样，也是星宿名，“奎星”是指天上文官之首，是主宰文运与文章兴衰的神。因为孔子既是伟大的思想家，又是伟大的文学家，所以后代帝王为赞颂孔子，将藏书楼命名为奎文阁。奎文阁高20多米，宽30米，深17米多。高大程度仅次于大成殿，是大成殿前面建筑的高峰。黄瓦歇山顶，三重飞檐，四层斗栱。下层四周回廊全部用石柱，是一座很雄伟的建筑物。内部是层叠式架构，因结构合理，所以十分坚固。经过多年风雨侵袭和地震摇撼，仍然安然无恙、岿然屹立。

在第六座庭院，奎文阁周围，矗立着13座碑亭，称为十三碑亭。南面有8座，北面有5座。它们是专为保存封建皇帝御制的石碑而建造的，因此又称“御碑亭”。亭中碑文多记载的是历代皇帝对孔子的追封以及拜庙祭祀和整修庙宇的记录。碑文由汉文、蒙古文、满文等多种文字刻写。其中，位于北面的两座金代碑亭，是曲阜孔庙中现存最早的建筑。极具特色的是，十三碑亭的石碑多以似龟非龟的动物驮着，据说这种动物是龙的九个儿子中的一个，擅长负重，因此人们用它来驮碑。碑亭中最早的是两幢唐碑，一幢是立于唐高宗时期的“大唐赠泰师鲁先圣孔宣尼碑”，一幢是立于唐玄宗时期的“鲁孔夫子庙碑”。

由十三碑亭向北，路过大成门，就是杏坛，是一座亭子，相传是孔子讲学的地方。《庄子》中就有孔子在杏坛教育弟子的记载，但是原址在哪里并不可知。现存的建筑是明弘治十七年所建。宋代时孔子的第45代孙孔道辅监修孔庙，将正殿后移扩建，将这里改成“坛”并在周围种植杏树，名为“杏坛”。金代则在坛上建亭。

杏坛北面是大成殿，它是一座双层瓦檐的大殿，建在双层白石台基上，是孔庙最主要的建筑物，是孔庙的主殿。飞檐中的竖匾上木刻贴金“大成殿”三个大字，由群龙紧紧团护着，是清朝雍正皇帝亲手书写的。大成殿结

构简洁整齐，装饰金碧辉煌，四周廊下立着用整石刻成的28根雕龙石柱。雕刻的龙共1296条，玲珑剔透、栩栩如生。传说有一次乾隆皇帝来曲阜祭祀孔子，人们都用红菱将石柱包裹起来，因为怕皇帝看到后，会认为超过皇宫而怪罪。殿内正中悬挂着康熙皇帝题书的“万世师表”和光绪皇帝题书的“斯文在兹”匾额，正中供奉着孔子塑像，坐高3米，头戴冠冕，身穿十二章王服，类似古代天子礼制。两侧为四配像，颜回、孔伋、曾参和孟轲。再外面则是仲由、宰予、朱熹等十二哲。殿内还陈列着祭祀孔子时用的韶乐乐器和舞具。门外有清雍正皇帝题书的“生民未有”匾额，十分精美华丽。大成殿东西两侧还有“两庑”，供奉着董仲舒、韩愈、王阳明等儒家学派的著名人物。

大成殿的北面还有寝殿和圣迹殿、寝殿是供奉孔子夫人亓官氏的专祠，建造得十分精美。圣迹殿则是保存记载孔子一生事迹的石刻连环画圣迹图的地方。

曲阜孔庙内的石刻、木雕等十分著名。线刻、浮雕等雕刻技法多样，且十分严谨精细、造型优美。石雕的精品是浮雕龙柱，另外圣时门、大成门、大成殿的浅浮雕云龙石陛也有很高的艺术价值。在石上雕刻的圣迹图共有120幅，形象地反映了孔子一生的行迹，具有很高的历史价值和艺术价值。

第十三节　恭王府——清代史的见证

恭王府位于北京市西城区，是清代规模最大的一座王府。恭王府历经了从清乾隆到宣统七代皇帝的统治，见证了清王朝由鼎盛至衰亡的历史进程，承载了极其丰富的历史文化信息，历史地理学家侯仁之曾评价：“一座恭王府，半部清代史。”

乾隆四十一年（1776年），和珅开始修建他的豪华府邸，时称“和第”。后来嘉庆登基，将和珅革职抄家，府邸则赐予了弟弟庆僖亲王永璘。咸丰元年（1851年），咸丰帝遵照道光帝遗旨，封其异母弟奕訢为恭亲王，同年将这座府邸赏赐给他，恭亲王奕訢则成为这所宅子的第三代主人，改名恭王府，恭王府的名称也由此沿用至今。

恭王府占地面积6万多平方米，位于北京城绝佳的位置。史书上曾描述它为“月牙河绕宅如龙蟠，西山远望如虎踞”。据说北京有两条龙脉，故宫一脉是土龙，后海与北海一线是水龙，而恭王府正好在后海与北海的连接线上。恭王府分为府邸和花园两部分，由南向北，府邸在前，花园在后。

府邸有一条严格的轴线贯穿着，并由多个四合院落组成。占地3万多平方米，建筑都是亲王府的最高规制。分为东、中、西三路，中路最主要的建筑是银安殿和嘉乐堂，东路的主要建筑是多福轩和乐道堂，西路主体建筑为葆光室和锡晋斋。

府邸的中路轴线有两进宫门，南面的是一宫门，也是王府的大门，三开间，门前有一对石狮子；北面是二宫门，五开间。进入二宫门向北就是中路正殿，名为银安殿，俗称银銮殿，是王府最主要的建筑，只有在重大节日和重大事件时才打开。银安殿原来有东西配殿，因为府内有一次不慎失火，东西配殿和正殿都已被焚毁，现在的银安殿是后来建造的。银安殿北面是嘉乐堂，是和珅时期之建筑。在恭亲王时期，嘉乐堂主要作为王府的祭祀场所，里面供奉着祖先、诸神等牌位。银安殿和嘉乐堂屋顶都采用绿色琉璃瓦，是一种威严的象征，体现了亲王身份。

处在东路南面的是多福轩，是奕訢会客的地方，小五架梁式的明代建筑风格，厅前有一架长了两百多年的藤萝，至今仍长势很好。多福轩北面是乐

道堂，是奕訢生活起居的地方。

西路南面是葆光室，正厅五开间，两旁各有耳房三间，配房五间。由葆光室向北穿过天象庭院是锡晋斋，两边也有东西配房各五间。锡晋斋高大气派，大厅内有雕饰精美的楠木隔段。据说，这是和珅仿照紫禁城中的宁寿宫的式样修建的，属于逾制，和珅当年被赐死有“二十大罪”，这便是其中之一。

在整个府邸的最北面，也就是府邸的最深处，横着一座两层的后罩楼，东部为“瞻霁楼”，西部为“宝约楼”，东西贯连一百余间房屋。东西长达156米，内有108间房，俗称“99间半”，取道教“届满即盈”之意。

整个府邸北面，也就是恭王府的另一部分——恭王府花园，花园名为“萃锦园”。与府邸相呼应，花园也分为东、中、西三路。

正门坐落在花园的中轴线上，名为“西洋门”，是一座具有西洋建筑风格的汉白玉石拱门，门内左右有青石假山。正对着门耸立的是“独乐峰”，是一座长型太湖石，后面则是一座蝙蝠形的水池，称“蝠池”，“蝠”字通“福”也具有美好的意义。蝠池向北有一座五开间的正厅，是“安善堂”，有东西配房各三间。安善堂后有一座假山，由众多太湖石形成，山下有洞，叫“秘云洞”，著名的“福”字碑就在这个洞里。据说，康熙帝的祖母孝庄皇太后在六十大寿之前突然身患重病，康熙帝就亲手写了这个暗含“子、才、多、田、寿”五字，寓意“多子多才多田多寿多福”的“福”字，在孝庄皇太后六十大寿的时候献上，孝庄皇太后自此百病全消。又因为康熙皇帝极少题字，所以这个“福”字碑极其珍贵，被称为“天下第一福”。传说乾隆时期，和珅将这“福”字碑偷偷移至府内作为镇宅之宝。假山上则是名为“邀月台”的三间敞厅。中路最后有正厅五间，因为形状像蝙蝠的两翼，所以叫作“蝠厅”。

花园东路最主要的是大戏楼。大戏楼正厅内装饰着枝繁叶茂的藤萝，使人有一种在藤萝架下观戏的感觉。

西路最南面有一段长约20米左右的城墙，其门称“榆关”。榆关内有三间敞厅，名为“秋水山房”。“秋水山房”东面的假山上有一座名为“妙香亭”的方亭，“秋水山房”西侧有三间房屋，名为“益智斋”。在榆关正北有一座巨大的方形水池，占据着花园西部的大部分面积，池中心有“观鱼台”。池北有五开间卷房，名曰“澄怀撷秀”。

恭王府的府邸富丽堂皇，花园幽深秀丽，民间有传闻说《红楼梦》中的荣国府就是根据恭王府而写的，但是真实性还有待考证。民国初年，恭王府被恭亲王之孙溥伟卖给了教会，后来辅仁大学又用108根金条赎回，用作女生学堂。新中国成立以后，恭王府曾被用作公安部宿舍、风机厂、音乐学院等。

第十四节　黄鹤楼——“天下江山第一楼”

昔人已乘黄鹤去，此地空余黄鹤楼。
黄鹤一去不复返，白云千载空悠悠。
晴川历历汉阳树，芳草萋萋鹦鹉洲。
日暮乡关何处是？烟波江上使人愁。

这是唐代诗人崔颢写的一首题为《黄鹤楼》的诗，是面对黄鹤楼之景抒发自己的思乡之情。其中“昔人已乘黄鹤去”“黄鹤一去不复返”两句道出了黄鹤楼的典故。传说，曾有仙人驾鹤途经此地，因此得名。还有一说是有一位道士曾在此地一间小酒店的墙上画了一只会跳舞的黄鹤，小酒店的生意

从此很兴隆。十年后，道士吹笛，招来黄鹤，乘鹤飞去。这间小酒店就出资建造了黄鹤楼。这些传说都很有趣，但经过历史学家考证，黄鹤楼名字真正的由来是因为它所在的地理位置。

黄鹤楼位于湖北省武汉市，建在黄鹄山上，因为古代的“鹄”与“鹤”同音，互为通用，因此得名“黄鹤楼”。黄鹤楼建在山上，最初也是出于军事目的。传说三国时期，吴国建造黄鹤楼是为了便于瞭望、进行防守。但是到了唐朝时期，国家统一、安定，其军事性质逐渐减弱，演变成为著名的名胜景点，文人墨客到此游览，留下了许多脍炙人口的诗篇。而崔颢的这首《黄鹤楼》不仅成为千古传唱的名篇，也使黄鹤楼声名大振。

黄鹤楼与湖南岳阳楼、江西滕王阁并称为“中国江南三大名楼”，黄鹤楼也被誉为“天下江山第一楼”。黄鹤楼在三国时期初步建造，到唐朝时已初具规模，但是由唐至清，随着战乱纷争，黄鹤楼屡毁屡建，最后一座建于同治七年（1868年），毁于光绪十年（1884年）。现存的黄鹤楼是1981年重建的。

黄鹤楼高5层，总高度50多米，由72根圆柱支撑，雄浑稳健；各层大小屋顶，交错重叠，60个翘角凌空舒展，好像黄鹤在腾飞。楼的屋面黄色琉璃瓦覆盖，阳光照射下，金碧辉煌。楼层内外都绘有精美的图案，以仙鹤为主体，云纹、花草、龙凤为陪衬。黄鹤楼内部，每层风格都不相同，第一层大厅高大宽敞，正面墙壁上是一幅以“白云黄鹤”为主题的巨大陶瓷壁画。二楼大厅正面墙上则是用大理石镌刻的、唐代阎伯理撰写的、记述着黄鹤楼兴废沿革及名人轶事的《黄鹤楼记》。《黄鹤楼记》旁边是“孙权筑城”和“周瑜设宴”两幅壁画，其内容也都与黄鹤楼有关。三楼壁画则是崔颢、李白等唐宋名人的“绣像画”和吟咏黄鹤楼的名句。四楼大厅陈设着可供选购的当代名人字画。五层是《长江万里图》等长卷、壁画。走出五层大厅的外走廊，举目四望，大江两岸的景色尽收眼底，令人心旷神怡。

围绕着黄鹤楼主楼，四周建有铜雕、牌坊、喇嘛庙等建筑，如众星拱月

▲黄鹤楼建在城台上，屋顶错落有致，气势雄壮，享有“天下江山第一楼”“天下绝景”的美誉。

一般。黄鹤楼正面台阶前的岸石上是5米高的黄鹤归来铜雕，由龟、蛇、鹤三种吉祥动物组成，是龟、蛇驮着双鹤奋力向上的形态，十分逼真。在黄鹤楼东南方是红色的九九归鹤图浮雕，全长约38米，由99只不同动态的仙鹤组成，它们和谐分布在松、竹、海、灵芝、流水、岩石和云霞中。这座浮雕是国内最大的室外花岗岩浮雕。

在黄鹤楼东面200多米处是白云阁，这是历史上南楼的别称，“白云阁”的名称源于崔颢“黄鹤一去不复返，白云千载空悠悠”两句诗。白云阁高超过40米，在这里可以尽情观赏黄鹤楼、蛇山、长江等景色。白云阁坐北朝南，塔楼式，呈“T”字形，坐北朝南，占地面积600多平方米。

在白云阁西南100多米处是搁笔亭，这一亭名源自“崔颢题诗，李白搁笔”的典故。崔颢游黄鹤楼时写下了精彩的《黄鹤楼》，相传后来诗仙李白登上黄鹤楼，被黄鹤楼的美景所陶醉，正欲题诗时，看到了墙壁上崔颢的这首诗，感叹“眼前有景道不得，崔颢题诗在上头”，于是搁笔。这座搁笔亭是现代建造的，是钢筋混凝土仿木结构。亭边有一座裙边圆钟——千禧吉祥钟，口部直径3米，钟体材料为铜和银，重20吨，是明朝永乐大钟以后中国铸造的最大铜钟。

在黄鹤楼的东南处，有一座鹅池，环绕鹅池四周，是诗词碑廊，碑上刻着我国当代书画名家书写的历代名人吟咏黄鹤楼的名句。“鹅碑亭”在黄鹤楼东面。有“鹅”字刻石一方，传说书圣王羲之在黄鹤楼下养过鹅群，写下此字。后来人们将“鹅”字碑放置在鹅池东端，以碑作亭壁，建造了一座六角亭，叫作“鹅碑亭”。鹅池在碑亭的旁边，在鹅池中，可以看到各种各样的鱼，有的你追我赶，有的鲤鱼跳龙门；现在的鹅字碑就立于鹅池东端。

黄鹤楼历史悠久，经历了屡废屡建的坎坷过程，现在的黄鹤楼集建筑、历史文化于一身，已成为武汉的标志和绝佳的风景旅游地。

第十五节　清昭陵——“关外三陵”之一

清昭陵位于辽宁省沈阳市北郊，因此也称“北陵”。是清朝开国皇帝皇太极和皇后博尔济吉特氏的陵墓。始建于清崇德八年，完成于清顺治八年，康熙、嘉庆年间曾改建、增修，占地18万平方米，是清代“关外三陵”（抚顺永陵、沈阳福陵、沈阳昭陵）中规模最大的一座。昭陵中除了葬有皇太极与皇后外，还葬有关雎宫宸妃、麟趾宫贵妃、衍庆宫淑妃等一批后妃，是清初关外陵寝中最具代表性的一座帝陵。

皇太极是清太祖努尔哈赤的儿子，随父亲统一了女真各部，创立了清朝政权，为大清基业和入主中原奠定了坚实的基础。古代皇陵陵号的来源，一般是体现对皇帝一生功业的总结和赞誉，或者是带有吉祥和祝福的含义。清昭陵取名“昭”字，大抵是取“彰明、显扬”的意思，寓意清太宗的文武功德等彰明于世。

清昭陵平面布局遵循“前朝后寝”的陵寝原则，南北狭长，东西偏窄，自南向北由前、中、后三个部分组成。为了体现皇权的至高无上以及建筑总体上的平衡、统一和稳重，昭陵主体建筑都建在中轴线上，两侧对称排列。昭陵由南至北，从下马碑到正红门属于前部，包括下马碑、望柱、石狮、更衣厅、宰牲厅等。从正红门到方城属中部，包括华表、石象生、碑楼和祭祀用房。方城、月牙城和宝城则属于后部，这是陵寝的主体。

下马碑位于陵区的最南端，碑上用汉、满等多种文字雕刻着让人在此下马的提示，以告诫人们前方是帝王的陵寝，表现了对先皇的尊重。往北有华表（又称望柱）和石狮，石狮北面则是一座神桥。神桥意味着神灵经过的桥，既有装饰陵寝的作用，又有实用价值，在清代帝王陵寝中普遍使用。这

座神桥是一座三孔拱形石桥，桥下是“玉带河”。陵寝的地势基本上是前低后高，雨季时，玉带河就成了排水的渠道，保护陵寝。

神桥往北是石牌坊。石牌坊是为了表彰功德，引导人们进入膜拜帝王的地界，是明清陵寝中特有的装饰性建筑。昭陵中的石牌坊用青石雕琢而成，通高15米，宽约14米，四柱、三间、三楼，单檐歇山式楼顶，仿木斗拱。石牌坊的东西两侧各有一座小跨院，东跨院是更衣亭，是皇帝祭祀陵寝时更衣、洗漱的地方；西跨院是省牲亭，是祭祀时宰杀牲畜的地方。

由石牌坊往北，是正红门，这是昭陵中部的开始。正红门也是陵寝的正门。高8米多，宽16米，单檐歇山式，顶上铺

▲沈阳世界文化遗产清昭陵金碧辉煌，楼宇威严，园内古树参天，草木葱郁，是清代皇家陵寝和现代园林合一的游览胜地。

满黄色琉璃瓦。正红门分三个小门，中间的门叫“神门”，是供清太宗和孝端文皇后神灵出入的门户，只有在大祭时开启，而且只许抬祭品的官兵从此门进陵。东侧的叫“君门”，是皇帝来祭陵时走的门。西侧的叫“臣门”，是祭祀时大臣走的门。正红门中有三条南北石路，中间与“神门”连接的是“神道”，由青石板铺成，是整个陵寝的中轴线。神道两侧由南往北立有擎天柱、石狮子、石麒麟、石马、石骆驼和石象，统称为“石象生”，整饬肃穆，象征着墓主的身份地位。石像生再往北是神功圣德碑碑亭。九脊重檐歇山式建筑，四面红墙，顶部铺黄琉璃瓦。亭子正中即“大清昭陵神功圣德碑”，碑文共计1810个字，对清太宗皇太极一生的文德武功进行了高度概括和颂扬。碑亭两侧存放仪仗、制备茶水、膳食、果品的“朝房”。

朝房北面是“隆恩门”，是方城的正门，由方城开始是陵寝的后半部分。隆恩门是单体拱洞形，门上有楼，高三层，称“五凤楼”。进入隆恩门之后，首先是东西配殿，东配殿主要用于存放祭祀用的祝板和制帛等，当正殿大修时，这里也用于暂时供奉正殿中的神牌。西配殿则用于举行大祭礼时喇嘛们的诵经、作法。

方城正中是雄伟华丽的隆恩殿，是陵寝的正殿，是举行盛大祭祀活动的场所，在这里供奉着清太宗皇太极和孝端文皇后的神牌。“隆恩”的命名也是表示感恩爱福之意。隆恩殿面阔3间，殿内后部有一座大暖阁，大暖阁中还有一座小暖阁，供奉着帝后的“神牌”。

隆恩殿之后是石柱门和石祭台。石柱门是嘉庆年间增设的，柱子的顶端各有一只石兽，叫“护陵兽”，是用来护卫陵寝的。皇帝们来拜谒陵寝时，都要在石柱门这里举哀。石柱门之后是用汉白玉雕刻的石祭台，上面有香炉、香瓶、烛台等石雕，石祭台上雕刻着各种图案，寓意着将所有宝物献给陵主。

过了石祭台，就是方城的北门，北门上是大明楼，楼内安放着刻写着清

太宗庙号和谥号的“圣号碑”，碑额是二龙戏珠的浮雕，正中是用满、汉、蒙雕刻的“昭陵”二字。碑身上竖着雕刻有“太宗文皇帝之陵”字样。

出了方城的北门是月牙城，因为此城南面凹进，形状像一弯新月，所以叫月牙城。又因为宋代文学家苏轼有“人有悲欢离合，月有阴晴圆缺”的诗句，弯月有离散和悲伤之意，所以月牙城象征着“人缺”，表达了对皇帝的哀悼。月牙城正面有琉璃影壁，影壁上有13朵牡丹花，传说按照一定的顺序按动红花绿叶，就能开启地宫的入口，进入地宫。

月牙城之后是宝城、宝顶，宝城是一座由青砖垒砌的半圆形的城。宝城中的宝顶，就是坟茔，宝顶之内就是地宫，埋葬着清太宗皇太极和孝端文皇后。在陵寝西侧与宝顶遥遥相对的是懿靖大贵妃、康惠淑妃园寝，是安葬太宗众妃的墓地。

昭陵中除了这些宏伟肃穆的建筑，还有漫漫数里的古松群。现存古松2000余棵，松龄达300多年，摇曳挺拔，参天蔽日，其中的“神树”“凤凰树”“夫妻树”“姐妹树”“龟树”等都别具特色，为昭陵带来了一丝生机。

第十六节　清东陵——参不透的神秘境地

河北省的遵化市境内坐落着中国最后一个王朝首要的帝王后妃陵墓群——清东陵。

清东陵是清朝皇室的主要陵园，其中埋葬着清朝由兴盛到衰退的十分重要的5位皇帝，以及以慈禧太后为代表的14位皇后和136位妃嫔。其中5座皇陵分别是顺治帝的孝陵、康熙帝的景陵、乾隆帝的裕陵、咸丰帝的定陵和同治帝的惠陵。另外还有东慈安太后和西慈禧太后等人的14座后陵以及妃嫔的陵墓。

清东陵北面是昌瑞山，可以作为依靠，南面是金星山，宛如大臣持笏朝揖，东西两条大河环绕着东陵，像两条玉带一般，是一块难得的风水宝地。据说当年顺治帝在这一带行围打猎，被这一片灵山秀水所震撼，于是决定在这里修建自己的寝宫。

清东陵的排列顺序体现了“居中为尊”“长幼有序”“尊卑有别”的传统观念。清朝入关之后的第一位皇帝是顺治帝，他的孝陵位于整个清东陵陵墓群的中轴线上，体现着至尊无上的地位。其余的皇帝陵寝则是在孝陵的两侧按照辈分高低呈扇形东西排列开来，形成了儿孙陪侍父祖的格局，表现出了长者为尊的伦理观念。具体来看，孝陵东面由北向南依次是景陵与惠陵，西面紧挨孝陵的是裕陵，裕陵西面则是定陵。皇后和妃嫔的陵寝都位于本朝皇帝陵的旁边，体现了它们之间的主从、隶属关系。而且从神道的分布也可以看出这些传统观念。各皇后陵的神道与本朝皇帝陵的神道相接，各皇帝陵的神道又与中心轴线上的孝陵神道相接，形成了一个庞大的紧密相连、相互继承的枝状体系。

孝陵内安葬的是顺治帝福临，他是清朝入关后的第一位皇帝。孝陵在昌瑞山主峰的下面，在东陵中规模最大、体系最完整，是东陵的主体建筑。

大红门是孝陵的门户，是一座庑殿顶建筑，进入大红门后是孝陵神路，南起金星山下的石牌坊，北到昌瑞山下的宝城，全长 6 千米，是陵曲的中轴线，它将孝陵几十座建筑串联起来，是清代陵寝中最长、最壮观的神路。孝陵的石牌坊是仿木结构形式，全部用青白石筑成，顶部雕有麒麟、狮子、云龙等图案，十分精美。神路中央的就是“神功圣德碑楼”，楼内的石碑上用满、汉两种文字记载着顺治皇帝的丰功伟绩。碑楼四角分别有四根华表，华

▲清东陵隆恩殿是清皇室祭祖的地方。

表顶端各坐着一个像龙一样的小动物，名字叫“吼”，两个向南望，寓意“盼君出”，提醒皇上要走出深宫，体察民情；两个向北望，寓意“盼君归”，提醒皇上不要贪恋青山秀水，不思国事。神道两侧共有石像18对，是清代陵寝中规模最大、最具特色的一组，包括文臣、武将、马、麒麟、象、骆驼、狮子和望柱，石像注重神似，风格粗犷、雄浑，它们在神道两侧构成威武雄壮的长长队列，使皇陵显得更加庄严、圣洁。在神道后段分出了与景陵、裕陵和定陵分别相通的神道，它们自成系统，只有惠陵不设神道和石像。

再北是龙凤门，据说是按照神话中的南天门修建的，皇帝的灵魂经过此门就可以进入天庭。过龙凤门之后是一段石桥，有一孔桥、五孔桥、七孔桥等，其中七孔桥最具有特色。它等级最高，在清东陵中只有一座，有100多米，十分雄伟壮观。两侧栏板用汉白玉雕砌而成，轻轻敲击会发出金钟、玉磬一般的声音，与五音相

▲清东陵康熙景陵的牌楼门。

似，所以七孔石桥也被称为“五音桥”。再向北依次是安放着帝后谥号石碑的神道碑亭、陵园的大门隆恩门以及陵园的主要殿堂隆恩殿。

隆恩殿建筑在用汉白玉石砌成的巨大须弥座上，前有月台，周围环以汉白玉石栏杆。孝陵隆恩殿面阔五间，进深三间。定东陵中慈禧陵的隆恩殿以及东西配殿工艺水平最高。它的房梁架木、门窗槅扇都是用黄花梨木构制，墙上镶有大量雕花砖壁，雕砖外围装饰着蔓草、莲花等花纹，都用赤金和黄金装饰。大殿内外均绘有彩画，共有2400多条金龙，光彩夺目。隆恩殿后面则是明楼，重檐歇山顶，这是最高的建筑物。

最后是宝城，地宫在宝城中间，是安放死者棺椁的地方。清东陵中，乾隆时期是清王朝的鼎盛时期，因此他的裕陵修建时间长、规模大，地宫的工艺水平较高。裕陵地宫总面积370多平方米，平面呈“主”字形，由一条墓道、四道石门和三个主券门组成，进入第四道石门，就是地宫的

中心。从第一道石门罩门开始，所有的墙、顶和门楼上都布满了佛教题材的雕刻，如四大天王、八大菩萨、五方佛及三万多字的藏文、梵文经咒。雕刻刀法娴熟精湛，造像生动传神，被誉为“石雕艺术宝库”和“庄严肃穆的地下佛堂”。

清东陵中的其他陵墓，也基本上都是由神道、石像、隆恩殿、明楼及地宫等主要建筑构成，它们在木构和石构两方面都有精湛的技巧，可谓集清代宫殿建筑之大成。清东陵的建造历时270多年，从侧面记录了清王朝盛衰兴亡的历史。现在清东陵中的裕陵和慈禧太后等人的陵墓，已经开放，供人们参观。

第九章 中国近代建筑新旧交织

近代时期，中国发生了翻天覆地的变化。在建筑方面，原来的土木建筑已经不再流行，出现了很多西式的建筑，如上海的汇丰银行大楼。另外，中国人也更加注重向西方学习，很多人去海外留学，他们学成归国，将自己学到的外国先进的建筑技术与中国传统的建筑风格相融合，创造出了许多既具有中国传统建筑特色，又具有西方建筑艺术特色的作品，如南京中山陵和广州中山纪念堂，它们都是典型的中西结合的建筑。

第一节　中西融合的近代建筑

近代时期，西方列强大肆侵略中国，在政治、文化、思想等各个方面影响着中国，也包括建筑。这一时期的建筑，突破了封建社会的枷锁，呈现出前所未有的变化。

受西方建筑风格的影响，近代公共建筑、近代居住建筑和近代工业建筑等各方面发生了全面的变化。上海作为当时的开放城市，出现了一些银行、饭店、公寓等高楼大厦和影剧院，紧跟当时的世界潮流。新建筑中一般都运用了新材料和新设备，形成了新的建筑结构，中西建筑文化大幅度交汇。

在大量新建筑被建造的同时，中国传统的旧式建筑与封建帝王社会相对应的宫殿、坛庙、陵墓和古代园林等，都已经停止建造。传统的民间建筑仍然在广大农村和中小城市中建造。虽然它们有些在局部上运用了近代的材料、装饰，但是主要还是运用传统的技术方法，带有乡村特色。

中西结合的新式建筑在近代建筑中占主流地位。其实，西式建筑并不是在1840年后的近代才出现，早在明朝时，西式的教堂建筑就已在中国出现了。清代建造的圆明园中也有一座“西洋楼”，但是这种带有西方色彩的建筑在当时并不多见。而且，当时的设计师水平不高，设计的建筑基本上就是对西方建筑单纯的模仿。1840年以后，中国开始大规模地修建西方建筑，尤其是在开放城市的租界里，出现了很多与西方建筑风格完全一样的“洋房”。它们多是模仿西方文艺复兴时期的建筑形式，将西方建筑的多种形式拼凑在一起，比如上海外滩的汇丰银行、清华学堂大礼堂等。这一时期也出现了像上海外滩海关、沙逊大厦和国际大厦等现代“摩登建筑”，它们与西方现代建筑已相差无几。

近代建筑，除了完全模仿西方建造的纯“洋房”外，还有很多中西结合的建筑。民国时期，古建筑复兴并与西方建筑结合。在建筑材料上，它们已经很少是木质结构，多是用现代的钢筋混凝土浇筑而成的。比如南京中山陵、灵谷寺塔和未名湖塔，虽然形式上是模仿宋塔和辽塔，但都是用钢筋混凝土建造的。

中国近代建筑的建造地点，多集中在东南沿海的发达城市。其中，上海的近代建筑数量最多、规模最大、类型齐全，出现了很多花园洋房、高层公寓等新的居住建筑形式。公共建筑方面也形成了行政办公、商业、服务业和文化娱乐等一整套完备的类型。南京处在长江下游，东面是富饶的长江三角洲，北面是辽阔的淮海平原，地理位置十分优越。1927年，国民政府定都南京，对南京进行了系统的城市规划，修建了一大批近代建筑。不仅有行政建筑、商业建筑，还有大批纪念性建筑，在中国近代建筑史上占有一定的地位。

总的来说，伴随着社会由封建的古代向开放的近现代的转变，中国建筑也进行了由传统到近代的转折。一方面，西方新的建筑形式、建筑材料以及建筑技术，都传到了中国，对中国建筑由传统到近现代的转变起到了绝对的影响。大量带有异域色彩的西式建筑在中国建造起来，丰富了中国建筑的形式。另一方面，新一代的中国建筑师，开始把中国传统建筑特色融进近代建筑之中，形成了独特的中西结合的建筑方式，这些宝贵的经验，成为中国日后建筑业发展的基础，是中国古典建筑与新中国建筑之间的过渡。

第二节　中山陵——近代建筑史上第一陵

孙中山先生是中国近代民主主义的先行者，是中国国民党的创始人，“中华民国国父”，中山陵就是纪念这位伟大人物的陵墓。

中山陵位于江苏省南京市东郊紫金山南麓，紫金山在古代又称金陵山和钟山，这里周围山势雄伟、松柏茂盛、有着开阔而壮美的风光，葬在这里是孙中山先生生前的遗愿。而且南京曾是革命的策源地和临时政府所在地，将孙中山先生葬在这里，表达了讨伐帝制和继续革命的决心。紫金山有三座东西并列的山峰，中间主峰为北高峰，西面是天堡山，东面是茅山，中山陵便坐落在茅山上。整个建筑依山而建，坐北朝南，由南往北沿中轴线逐渐升高。

中山陵的修建受到了政府的重视和支持。1925年举行了一个南京中山陵的设计竞赛，这也是中国第一次举办的国际性的建筑设计竞赛。最后，中国近代杰出建筑师吕彦直的“自由钟”方案获得头奖，他的设计壮阔而简朴，符合地势的特点以及陵墓的性质，全部平面作为钟形，在当时内忧外患的中国社会，“钟”体现了警世的思想，十分具有特色，被定为最终方案。

中山陵于1926年开始修建，1931年建成，共8万多平方米。陵区内沿中轴线排列着牌坊、墓道、陵门、碑亭、石阶、祭堂和墓室等主要建筑，体现出了中国传统的建筑风格。除了这些主要建筑，还有音乐台、光华亭、仰止亭、流徽榭、永慕庐、藏经楼等一些纪念性建筑环绕周围。这是中国建筑师第一次规划设计的大型纪念性建筑组群。

中山陵的总体布局沿中轴线分为南北两大部分。南部包括入口石牌坊和墓道，北部则包括陵门、碑亭、石阶、祭堂和墓室。

高大的花岗岩牌坊是中山陵陵墓的入口，上面是孙中山先生亲自书写的“博爱”两个金字。经过牌坊便是墓道，墓道两旁对称地种植着雪松和桧柏，代替了古代陵墓墓道旁常用的石人石兽，喻示着中山先生的浩然正气长存世间。

墓道向北的尽头是陵门，这是陵墓的正门。陵门用福建花岗岩建成，坐北朝南，高16米多，宽27米，进深8米多，传统的单层歇山式屋檐，有三个拱门。门楣上有孙中山先生亲手写的，表达孙中山先生毕生理想与奋斗目标的“天下为公”四个大字。

陵门之后，是一座方形的碑亭，高约17米，花岗岩建筑。亭中是一座8米高、4米宽的巨碑，碑的正面刻着国民党元老谭延闿写的“中国国民党葬总理孙先生于此，中华民国十八年六

▲南京中山陵博爱牌坊。牌坊高11米，宽17.3米，顶端盖有蓝色琉璃瓦，牌坊上刻有莲瓣、云朵和古代建筑彩绘式的图案。在牌坊中门的横楣上，镌刻着孙中山先生手书的“博爱”二字。因此，这座牌坊被称为博爱坊。

月一日”24个镏金大字，背面则没有题写任何碑文，认为孙中山先生的功绩是无法用文字来评述的。

出了碑亭是通往祭堂的层层石阶，共392级，每段石阶上都有一块平台。392级代表着当时中国的三亿九千两百万同胞，8个平台象征着三民主义、五权宪法，两旁种满了松柏、枫树等终年常青的树木。

走上石阶则是祭堂，这是中山陵的主体建筑，融合中西建筑风格于一体。祭堂南面有三道拱门，门额上分别刻有代表孙中山先生“三民主义”思想的——“民族、民权、民生”。中门上嵌有孙中山先生亲手书写的“天地正气”匾额。祭堂中央供奉着由法国雕塑家保罗·朗特斯基雕刻的孙中山先生白石坐像，坐像底部有六幅浮雕，是孙中山先生从事革命活动的画面以及对孙中山先生一生革命事迹的总结。祭堂东西大理石壁上刻着中山先生手书的遗著《国民政府建国大纲》。白色雕像四周衬托着黑色花岗岩立柱和黑色大理石护壁，使得整个祭堂宁静、肃穆。堂后有两座墓门，门上的“浩气长存”横额也是中山先生亲手书写的。门上则是“孙中山先生之墓”的石刻。

进入祭堂后的墓门就是圆形的墓室，中央是长形墓穴，墓穴深5米，外面用钢筋混凝土密封，上面是孙中山先生的汉白玉卧像，下面安葬着孙中山先生的遗体。

这些主要建筑周围的纪念性建筑多是由海内外的华人捐资修建的，寄托了对孙中山先生崇高的敬意和深深的怀念。

藏经楼，又叫孙中山纪念馆，位于中山陵主要建筑的东面，专为收藏孙中山先生的物品而建造，是一座仿照清代喇嘛寺的古典建筑。主楼为宫殿式建筑，顶上铺着绿色琉璃瓦，屋脊则为黄色琉璃瓦。楼内藏有孙中山先生的经典著作和照片等珍贵史料。楼前广场正中竖有一尊孙中山先生全身铜像，雕刻十分逼真。楼后有长达125米的碑廊，碑廊上面刻有孙中山先生所著的

“三民主义”全文。

中山书院主要用于纪念孙中山先生的学术研究和文化交流。书院是二层宫殿式建筑，坐北朝南，红柱子和白墙绿瓦，衬托出书院的书香气。书院一楼正中是中山先生半身像，东西厅中陈列着孙中山先生的著作、照片以及中山陵文史书刊等。二楼是会议接待厅。书院周围铺有草坪，种有桂花、茶花、梅花等各类植物，环境十分清静幽雅。

作为纪念性建筑，中山陵遵循了中国古代陵墓以少量建筑控制大片陵区的布局原则，同时，它又融入了法国式的规则型林荫道的处理手法，通过墓道、石阶等将把分散的、小单体建筑连接成一个整体。整座陵墓宏伟、崇高、庄重，既有浓郁的民族韵味，又呈现出了近代的新格调。

第三节　中山纪念堂——八角形宫殿式建筑

中山纪念堂是纪念革命党人孙中山先生的建筑，在广东省广州市、高州市、惠州市，广西省梧州市以及北京香山等地都建有同名的“中山纪念堂”。

广州中山纪念堂位于广州越秀山南麓，始建于1929年，整体建筑占地共6万平方米，是由我国著名建筑师吕彦直先生设计的。广州中山纪念堂是广州的标志性建筑之一，它见证了广州的许多历史大事。比如1945年9月，驻广州地区的日本侵略军在这里签字投降。现今这里每年都要举行各种纪念孙中山先生的活动。

在纪念堂前屹立着一座孙中山先生的纪念铜像，是由著名雕塑家尹积昌

等人创作的。这是孙中山的一个全身像，他左手叉腰，右手拄着拐杖，凝望前方。铜像的细节上蕴含了深刻的寓意。孙中山先生左手用三只手指叉腰，代表着“民族、民权、民生”的三民主义，右手用五只手指拄着拐杖，代表着五权宪法，由此可见设计者的细密的心思。铜像底座上刻着三民主义、五权宪法和建党程序等内容。在纪念堂门口有两段台阶，分别是五级台阶和九级台阶，在古代“九”和“五”都是象征帝王的权威，称帝王为“九五之尊”，孙中山先生领导了辛亥革命，推翻了中国两千多年的封建帝制，建立了中国历史上第一个民主共和国，因此，人们用“九”和“五”来表现孙中山先生在人们心目中的崇高地位。

纪念堂总体布局呈方形，坐北朝南。主体建筑为大礼堂，是一座宏伟的八角形宫殿式建筑，由四个宫殿式重檐歇山抱厦组成，整座建筑高约50米，舞台口宽15米，深20米，有3000多个座位。红柱黄砖衬着宝蓝色琉璃瓦盖，既华丽又肃穆。在纪念堂正门上方，悬挂着一块蓝底红边的漆金大匾，上面有孙中山先生手书的“天下为公”四个雄浑有力的大字。正面檐下，内外各有8根红色的大石柱，三人才可以围抱起来。纪念堂屋顶铺有孙中山先生喜爱的蓝色琉璃瓦，每个雨水面都有一条紫铜“天沟”，它将屋面上的雨水拦截后，从墙面上的排水沟里流走，这种排水设计是非常科学的，减少了雨水对地板的侵蚀。因此纪念堂四周地面的地板，虽然已有近百年的历史，但至今依然保存完好。

纪念堂内是一个近似圆形的大会堂，分上下两层，共有座位5000个左右。上面是一个巨大的用金箔镶贴的熠熠生辉的椭圆形屋顶。大厅跨度30米，体积达5万立方米，是当时中国最大的会堂建筑，但是厅内看不到一根石柱，支撑大屋顶的8根柱子全部隐藏在壁内，这样就给人一种宽敞、明亮的感觉。中山纪念堂以及南京中山陵都是建筑师吕彦直设计的，十分可惜的是，他在35岁时早逝，未能亲眼看到自己设计的这座宏伟纪念堂落成。

▲中山纪念堂，典型的八角形建筑，采用中国古典宫殿式与西洋教堂式相结合的建筑理念设计。

纪念堂主体建筑中，每一根圆柱的柱头装饰都刻着“￥”的符号，与人民币的货币符号“￥”完全一致，这让人们增添了很多联想。但现在研究认为，这应该是一种巧合。这个符号应该是汉字“羊”，因为广州也被称为“羊城”，所以这个符号应该是羊城广州的简称，以此表达羊城人民对孙中山的爱戴之情。

木棉花是广州的市花，中山纪念堂内有一棵广州最“老”的木棉树。这棵木棉距今已有300多年的历史，可以说它见证了清朝的沉沦，见证了广州起义的始末。因此它看到了孙中山先生为革命的奉献，它是时间的标志，也是历史的记忆。今天，这棵木棉树依然伫立在这里，与纪念堂一起缅怀着过去的岁月。

除了最“老”的木棉树之外，中山纪念堂还有广州最大的两棵白兰树。这两棵白兰树是在纪念堂建成时就栽下的，它们终年常绿，像两个忠勇的卫士，时刻守卫着纪念堂，与纪念堂一起度过了半个多世纪的岁月。树木开花，芳香可以散播数里，象征着孙中山先生的丰功伟绩流芳千古。

第四节　汇丰银行大楼——西方古典主义特色

汇丰银行大楼位于上海外滩，是当年汇丰银行在上海的分行大楼，后来被收归国有，现在是上海浦东发展银行的总部驻地。汇丰银行是由著名的英资建筑设计机构公和洋行设计，英商德罗·可尔洋行承建的，始建于1921年，历经两年建成，建筑面积两万多平方米，是外滩占地最广、体形最大的建筑，也是仅次于英国苏格兰银行大楼的世界第二大银行建筑。因其由西方人设计并建造，所以充满了西方建筑特色，被认为是中国近代西方古典主义建筑的最高杰作。

汇丰银行大楼是一幢仿西洋古典主义风格的建筑。整体为钢筋混凝土结构，用砖块填充，外边贴着花岗岩材料；外墙全部是这种岩石，使这座银行看起来犹如坚不可摧的城堡，给人以安全感。大楼从外观上可以明显看出是新古典主义的横纵三段式划分：大楼主体高5层，中央部分高7层，有巨大的希腊式的穹顶，穹顶基座是仿希腊神殿的三角形山花，5层以上至穹顶，这是第一段；高大的穹顶显示出了建筑的中轴线，也是这座大楼的重要标志。从第二层到第四层是第二段，在这一段的中部是6根爱奥尼亚式立柱，它们起到了支撑的作用。这6根立柱中，4根为双柱，避免了平均排列分布的单调；第一层也就是第三段，外面是三个拱形券门。

大楼平面接近正方形，在大门入口处有铜铸转门和玻璃门，旁边还有两尊青铜狮，作为镇兽，它们是在大楼兴建时，出于风水的考虑而向英国订购的。这两头雄狮一只张嘴一只闭嘴，代表着银行吐纳资金的意思。张嘴的一只叫“史提芬”，这个名字得自当年的汇丰银行香港分行总经理史提芬先生，当年铸造铜狮就是他倡议的。闭着嘴的那只则称为“施迪”，与“史提芬”类似，这个名字则是得自当时汇丰银行上海分行经理施迪先生。可惜的是铜狮子铸成之后，铜模立刻就被毁掉了，所以这对铜狮子就成了绝版珍品，现在已被上海历史博物馆珍藏。因此，现在我们在汇丰银行大楼门前所看到的“史提芬”和“施迪”并不是当年的原件，是由大楼的新主人浦东发展银行重新复制的。

进入大门，是一个八角厅，上面就是穹顶，从地面到顶部共有上下两层，约20米高，上层壁面和穹顶都镶嵌着马赛克壁画，这是这座大楼的一大建筑特色。

壁画是由当年著名的意大利工匠制作的，共8幅，描绘了汇丰银行在上海、香港、巴黎、纽约、伦敦、东京、曼谷和加尔各答这8个城市的标志性建筑事物。上海部分是以汇丰银行大楼为中心的外滩建筑群为背景，画有航海女神及两个象征长江与海洋的神；香港部分则是以香港岛为背景，画有身披英国国旗的女神、香港特别行政区区旗和英国领港旗；巴黎部分是以塞纳河和城岛为背景，人物是手中持有“自由、平等、博爱”书板的法兰西共和女神，另外还有百合花的纹饰；纽约部分画着自由女神、商业之神赫尔墨斯以及联邦守护神，画面上还有美国国旗、鹰旗和纽约市徽。另外的伦敦、东京、曼谷和加尔各答，也是这样的设计风格，它们都气势宏大、造型优美。壁画旁有一些文字，告诉人们“四海之内皆兄弟”，表达了在新世纪到来之际，人们对世界和平繁荣的美好愿望。壁画上方的穹顶上还有圆顶壁画。内容取自古希腊神话，画着巨大的太阳和月亮以及太阳神、月亮神、谷物神等希腊、罗马神话人物，8幅壁画和圆顶壁画之间还有星座图像，12个星座围绕着圆顶壁画，并与8幅壁画相对，将两者联系起来，使它们共同构成了一幅巨大而精美的艺术作品。

八角厅里面是当年汇丰银行的营业大厅，有1000多平方米。屋顶为巨大的玻璃天棚，这增加了大厅内的光线。厅内也有圆柱作为支撑，而且圆柱是

由整根大理石筑成的，这在当时的亚洲是首例。大厅内的地板是柚木地板，但柜台内外及四壁则也和圆柱一样，是用大理石砌成，装修技艺精良，十分高雅。另外，大厅内有完善的暖气设备与冷排风系统，办公环境十分优越。

汇丰银行大楼后面为副楼，其中有银行办公室、金库及仓库，但它们的建筑特色都逊于主楼。

第五节　上海江湾体育中心——古典与现代结合而成

上海江湾体育中心，原名上海市运动场或江湾体育场，位于上海市杨浦区，是由民国时期建筑师董大酉主持设计，当时的上海市政府主持修建的。

江湾体育中心占地约21万平方米，曾有“远东第一体育场”之称。它最初是民国政府推出的“大上海计划”的主要建筑之一。当时，上海地区的法租界已存在80多年，面积巨大，也已发展成上海最高级的住宅区。民国政府为了与它相抗衡，显示民国政府的统治地位，因此，计划建设一个以江湾南部今五角场地区为中心的全面而系统的“大上海”。

江湾体育中心于1934年开始建设，但是不久，抗日战争爆发后，“大上海计划”就不得已而被迫停止了。1937—1945年日军占领期间，体育场曾作为日军的军火库。1945年战争结束后，国民政府重新接管体育场，也将之作为军火库和兵营使用。1946年时军火库发生爆炸，受到破坏。新中国成立后，上海市人民政府进行了修复。

江湾体育中心从最初建造到现在，经过多次改建和修复后，现在仍然可以作为人们日常锻炼的场所，可容纳4万人左右，由运动场、体育馆、游泳池三大建筑构成，整体采用古堡式建筑，庄严宏伟，是结合中国古典建筑元素设计而成的现代体育场馆。

整个体育场的主体建筑是田径场的大看台，是长达千米的钢筋混凝土环形建筑，围绕着田径场，高11米，有22级台阶，可容纳3万多人。东西有两个用人造白石筑成的高大台子，称作司令台，上面刻着吴铁城题写的“上海市运动场”。看台底层是回廊，回廊内有几十个入口，观众由此可以快速进入和离场。在赶上阴雨天气时，观众还可以在里面避雨，设计周全而巧妙。

大看台下面就是田径场，它是根据国际比赛的要求而设计的，中间是一个大型草皮足球场，有半圆形跑道一条，跑道外北部是网球场，南部是武术场。除此之外，还有跳高等区域。

正门前有一个8000余平方米的沥青广场，由三座8米高的拱形大门进入大厅，三座拱门上分别挂着刻有“国家干城”“我武维扬”“自强不息”的匾额。大厅高大宽敞，里面还设有六座拱形小门进入内厅。内厅是红砖地、黄粉墙，还装饰着宫灯和花窗，十分气派精致。两边底层是贵宾接待室和运动员休息室，二层则是首长休息室和外宾接见室，设有专座接待中外贵宾，他们通过内回廊就可以直接到达主席台。

体育馆是江湾体育中心的另一重要组成部分，中央是双层地板球场，在这里可以举行篮球、排球、羽毛球、乒乓球及体操、摔跤等项目比赛。体育馆前面设置了宽敞的观众休息厅，两边则是运动员和裁判员的休息、盥洗室及器材用房。后面还有练习馆，供比赛者赛前活动使用。

江湾体育中心的第三个主要部分是游泳池。游泳池为两层钢筋混凝土建筑，北部是主席台，旁边是观众看台，共有13级，可容纳观众6000人。游泳池是露天标准游泳池，可举行游泳、水球比赛。这里配备有过滤设备，4小时可使池水循环一次。

当时的江湾体育场是我国及远东地区规模最大的、设备最完善的综合性体育场，被当时的报纸称为“东亚首屈一指”的体育场。

第六节　武汉大学建筑群——折中主义建筑的代表

武汉大学的早期建筑气势恢宏、布局精巧、中西合璧、美轮美奂，是中国近代折衷主义建筑的代表作品。建筑风格之新颖、设计思路之先进，开中国大学校园建筑之先河。

1928年7月，国民政府决定组建国立武汉大学，国民政府大学院院长蔡元培任命李四光为国立武汉大学建筑设备委员会委员长，叶雅各为秘书，委托了美国人开尔斯（Francis Henry Kales）为建筑设计师。

开尔斯的设计按照建筑设备委员会“实用、坚固、经济、美观、中国民族传统式外形”的要求，贯穿中国传统建筑“轴线对称、主从有序、中央殿堂、四隅崇楼”的思想，采用“远取其势，近取其质”的手法，深刻理解环境，巧妙利用地形，采中西建筑形式之长，集古典与现代建筑之美。

校园规划依托了珞珈山的地形地貌，根据建筑物的各自功能，采用散点、放射状的布局，又遵循了中国传统建筑的美学原则，因山就势，建筑组群变化有序，整个校园在自由的格局中又有严整的建筑节点，构成了丰富多样的建筑群。这些建筑群相互构成对位对景，再结合景观设施，最大限度地扩大了环境空间层次。欣赏珞珈山校园建筑，不是在“可望”，而是在“可游”，步移景异，韵味无穷。

当时大量西方建筑界很多还处在探索阶段之中的新结构、新材料、新技术，都被成功地运用在武大早期建筑的设计与施工上，并且深刻影响到中国后来的建筑，在中国建筑发展史上具有里程碑的意义。

行政楼，是武汉大学的标志性建筑。追溯它的历史，它竣工不到3年，就被日寇侵占，成为日军的医院。1952年，全国院系调整后，武汉大学工学院被撤销，学校便将工学院大楼改作办公大楼，并一直使用至今日。行政楼是四角重檐攒尖顶的正方形大楼，在珞珈山这面天然的“屏风”上形成一幅镶嵌画，使原本平缓的山体陡增钟灵秀气。在行政楼的一侧，种满了樱花。

樱园顶图书馆，学生们习惯称之为“老图书馆”，这是一座能让人怦然心动的图书馆。它处在狮子山的山巅，古朴典

▲武汉大学行政楼为武大早期著名建筑之一。

▲武汉大学樱顶学生宿舍。樱顶就是武汉大学樱园宿舍的房顶，这里又被称作樱花城堡。

雅、朴实庄重。而故宫式的房顶上那块小小的牌匾上的三个篆书“图书馆”则静静地见证着它长久的历史。老图书馆符合了那个时期的主流审美：以清代北方官式建筑的主要造型作为体现“中国风格”的范式；建筑整体形制尽量模仿完整、严谨的清代官式殿堂，不再随意变形和夸张；屋顶以清代官式歇山顶为主要形制，兼用庑殿顶、攒尖顶等；注意屋檐下斗拱的做法以解决中式屋顶和建筑墙体间的视觉衔接。

理学楼，背临东湖，隔着奥场与行政楼遥遥相望。理学楼和很多武大老建筑一样，其貌不扬但暗藏玄机：理学楼主露穹隆圆屋顶隔着奥场和行政楼的四角重檐攒尖顶遥相呼应，“天圆地方”的传统建筑理念便完美展现在眼前。而教室里的石柱，又使中式外表的理学楼增添了少有的欧式风采。

老斋舍，也就是现在的樱园宿舍，是武汉大学最古老的建筑之一。它位于武大老图书馆南侧，整栋建筑与狮子山相连。沿着有108级台阶的楼梯拾级而上，登上樱顶可以俯瞰整个武大校园。老斋舍最有韵味的地方，是按千字文里的“天地玄黄、宇宙洪荒、日月盈久、辰宿列张”来为十六个门洞取斋名。

第十章　中国现代城市建筑多元化

现代中国最主要的变化和特征就是社会经济的高速发展。改革开放后，随着经济方面第二产业和第三产业的快速发展，对工业、商业和服务业等建筑的需求增加，因此城市内各种商场、办公楼、饭店、游乐场和博物馆等建筑应运而生。比如，上海的环球贸易中心和金茂大厦就是现代超高层建筑和综合性办公楼的典型代表。同时现代建筑也越来越倾向于智能化，建筑内的一切设施都往高科技方向发展，能够为人们提供更好的服务。智能化建筑将是未来建筑业发展的一个方向。

第一节　全面发展的现代建筑

1949年10月1日，中华人民共和国成立，从此中国发生了翻天覆地的变化。而建筑方面，可以从1949年开始分为两大时期。1950年至1970年，中国实行计划经济体制，低工资、低消费，经济发展缓慢。这一时期的建筑基本上只在特定的领域发展，而且多是为政治服务的，如人民大会堂和人民英雄纪念碑。1978年中国召开了十一届三中全会，实行了改革开放政策。随着经济水平的发展，也随着“引进来”的过程，在世界先进建筑技术的影响下，我国的建筑业发生了翻天覆地的变化。

1950年至1970年的建筑作品基本上都带有政治因素的影响。以人民大会堂和中国美术馆为代表的“国庆十大工程”（又称“十大建筑”）尤其如此。它们是在政府的意志下建造的，建设过程中阻力小，建设周期短。虽然要赶在国庆期间献礼，时间短、任务急，但是大批优秀的建筑师集中起来，齐心合力做出了令人满意的设计。这些建筑都庄重典雅、美观大方，成为名副其实的中国建筑的代表。

改革开放后，商业建筑与娱乐建筑大量兴起。在商业建筑中，除了原来的普通百货商店外，出现了大型和超大型商场，它们大部分都是多层建筑，也基本上使用了先进的自动扶梯。随着第三产业的发展，电影院、剧院、工人文化宫和大型公园等供人们游玩和休憩的娱乐型建筑大量兴建。20世纪90年代时，已有国家级的旅游度假区13个，国家重点风景名胜区100多个。游乐场、水上运动场、高尔夫俱乐部、跑马场、射击场、主题公园、博览会等，类型繁多，它们多包含着机械装置和声光、影视等活动，具有舒适性和新奇性，给民众带来轻松快乐，同时也带动了相关旅馆、博物馆和餐饮建筑的发展。如广州白天鹅宾馆，该宾馆坐落在广州闹市中沙面岛南边，紧邻三江汇聚的白鹅潭。这是中国第一家中外合作的五星级宾馆，也是中国第一家由中国人自行设计、施工、管理的大型现代化酒店。

现代办公建筑向功能型转化。商务写字楼是现代发展最快的建筑类型之一。在大城市中包含各种服务的综合办公楼日益增多，尤其是超高层的办公建筑在现代也越来越普遍，这样的高层建筑不仅缓解了城市用地的紧张，也证明了现代建筑技术的飞速发展。它们使用大空间、低隔断，办公设备多，电梯、空调等现代设备齐全。高层办公楼主要建在北京、上海、广州等大城市和经济特区，代表性的建筑有中国国际贸易中心第三期、上海金茂大厦和上海环球金融中心等。

信息与传媒建筑是随着现代信息业与传媒业发展而来的，在我国，电视是重要的信息媒体，已经广泛进入普通百姓的家庭，而电视台则成了重要的信息与传媒建筑。电视塔的修建就必要而迫切了。很多电视台成了当地的明星建筑，比如北京的中央电视台的总部大楼，造型独特、修建难度巨大，被美国《时代》杂志评选为2007年世界十大建筑之一。上海东方明珠广播电视塔，是世界知名高塔，由巨大的球形体组成，远远望去犹如一串从天而降的明珠。

大跨度的建筑在现代也取得了长足的发展，现在的体育馆多是采用大跨度的空间网架形式。2008年北京奥运会的主办场鸟巢，是目前世界上跨度最大的体育建筑之一。新建筑材料的应用也使得建筑在外观上更加新颖，比如北京的国家游泳中心——水立方，它的外表面采用的就是膜结构，远远看去，如一汪蓝蓝的水。

现代教育文化建筑、医疗卫生建筑、交通建筑也都取得了很大的发展。

出于市场经济的考虑，一栋建筑往往有多种功能。现代的交通建筑如北京机场3号航站楼，就是现代中国一座出类拔萃的建筑，其规模之大，建筑之新颖，正好满足了中国日益发展的需要。现代建筑在技术和层次上都已经获得了巨大的提升，建筑技术标准也正在向世界先进水平靠拢。

第二节　人民大会堂——彰显大匠智慧

在北京天安门广场西侧，坐落着雄伟的人民大会堂。它在地理位置上占据着中国首都的中心位置，在政治地位上也具有极高的无法超越的位置。最重要的是，体现中国民主与法治的全国人民代表大会就在这里召开，全国人民代表大会和全国人大常委会在这里办公，国家和各人民团体重要的政治、文化和外交活动也在这里举行。它是中国最重要和最具有代表性的建筑之一。

人民大会堂于1958年开始修建，属于为纪念1959年中华人民共和国建国十周年的国庆工程之一，是为了展示建国10年来的成就。人民大会堂的建造，在中央的直接指挥下，历时280天，当时的情况是未设计先施工、边设计边施工，因此赶在1959年9月就完成了。后来，各地在赶抢任务时纷纷效仿这种做法，国家又不得不做出了没有勘探不得设计、没有设计不得施工的规定。除此之外，国庆十大工程的建筑还有中国革命与历史博物馆、军事博物馆、民族文化宫、北京火车站等。

当时，国家对人民大会堂的设计方案进行了广泛的征选，在周恩来总理的亲自主持下，在全国34个设计单位、84个平面方案、189个立面方案中，选定了高级建筑师赵冬日、沈其设计的方案，方案的基本思路仍然像之前的政协礼堂等会堂建筑，采用以装饰主义为特征的传统手法，用不同材质相搭配，注重实用，简约典雅。由于时间紧迫，建造时就采用了旧的结构技术以及表现这种技术的建筑方法。

人民大会堂坐西朝东，四面开门，门前都有5米高的花岗岩台阶。正门面对天安门广场，门额上镶嵌着国徽，门前有12根浅灰色大理石门柱。外表为浅黄色花岗岩，屋檐则用黄色琉璃瓦装饰。这一黄色琉璃瓦的装饰十分巧妙，解决了平顶建筑与传统的民族形式的矛盾，既强化了民族传统，又与故宫取得了形式联系。建筑平面呈“山”字形，中部高，两边稍低，南北长336米，东西宽174米，总面积达10万多平方米。最高处高46.5米，层数从2到5层不等。人民大会堂在最初构想时，就是要建造一个可以容纳万人的大型礼堂，如今建成后的大会堂，不仅包括一个宽76米、进深60米、高33米的万人大礼堂，还包括小礼堂、宴会厅和30个以各省、市、自治区命名的大厅，以及大量的人大常委会办公楼用房。

由正门进入是一个面积3600平方米的中央大厅，大厅用彩色大理石铺砌护墙和地面，周围有20根汉白玉明柱，整体简洁而典雅。厅后便是著名的万人大礼堂。

万人大礼堂位于大会堂的中心区域。整个礼堂十分宽阔，前面是主席台，后面是代表席和观众席。主席台台面宽32米，高18米，座位分为3层。后面的代表席和观众席也分为3层，可容纳近万人，呈扇面形围绕着主席台，而且座椅层层递升，因此坐在任何一个位置上都能看到主席台。因为礼堂多用于召开大会，所以第一层的代表席每个座位上都设有翻译设备和电子表决设备，可以进行12种语言的同声传译，和议案表决的即时统计。第二、三层的每个座位中则都装有小喇叭，可以清晰地听到主席台的声音。不仅如此，主席台两侧还配备有大屏幕显示系统，以便于大家清晰地观看会议信息及开会

情景。礼堂上部的大穹顶十分具有特色，它微微隆起，与墙面形成圆弧形，形成一种浑然一体的状态，有种水天一色之感。中央装饰着巨大的红色五角星灯，就像一颗巨大的红宝石，五角星灯外面是一圈镏金的70道光芒线和40个葵花瓣，再向外有三环水波式暗灯槽，一环大于一环，有中国革命从胜利走向更大胜利的寓意。除了这一五角星灯外，整个顶棚还纵横密布着500个满天星灯，宛如众星捧月一般以红色五角星灯为中心，均匀分布开来。

在人民大会堂的北部，主要有迎宾厅和宴会厅。迎宾厅是党政领导人欢迎贵宾及与来宾合影留念的地方。里面有人民大会堂内最大的一幅国画《江山如此多娇》，画心近6米高，宽9米，是由著名画家傅抱石和关山月以毛泽东《沁园春·雪》的词意为题材创作的，画题是毛泽东主席书写的。宴会厅是国家党政领导人与来宾举行欢迎宴会的地方，有7000多平方米，可以举行5000人的宴会或1万人的酒会。奶黄色的墙壁和巨大的圆形廊柱都装饰着沥粉贴金花饰。顶部中央镶嵌着一个由水晶玻璃组成的吸顶大花灯，周围是点金石膏雕塑和棋盘式的彩色藻井，整个大厅金碧辉煌。

在人民大会堂三楼有一个金色大厅，这个大厅比起其他地方来稍显神秘，因为这里平时不对公众开放，只在党和国家领导人接见外国政要、各国大使递交国书以及举行我国最高规格的新闻发布会时才使用，号称人民大会堂“第一厅”。这个金色大厅有两层，建筑面积2000多平方米。金色大厅如同它的名字一样，主色调为金色。20根十多米高的支撑天花藻井的朱红色石柱是漆金的，穹顶上5盏巨大的吊灯也是金色的，这使得大厅十分富丽堂皇。厅内雕梁画栋、挑檐飞角等则显示出了中国建筑的高贵典雅。

除了这些代表性的大厅之外，各省代表厅也建造得十分具有特色。北京厅顶棚中央悬挂着一个巨型的圆形水晶吸顶灯，旁边是八角形藻井，而西面大门两侧装饰着巨型的玉石挂屏，各有特色，一幅描绘的是天安门、故宫等北京最具代表性的历史建筑，另一幅则描绘的是国贸中心、亚运村等北京的现代建筑，两幅挂屏表现了北京古代与现代的历史传承。湖南厅的装饰则具有强烈的地方特色。厅内的8根大柱，是用湖南桃源县出产的木纹黄大理石镶砌的，厅内的陈设也以湘绣、瓷器为主，庄重典雅，像一座辉煌的殿堂。辽宁厅的装饰则十分恢宏大气，厅内也有8根石柱，是用金麻石铸造的，米黄色大理石墙壁，墙上是表现辽宁古今面貌的《昌盛图》壁画。厅内陈设着《鱼龙青瓷水盂》《女神像》等仿古艺术品，都是辽宁各个时期的艺术珍品。台湾厅以蓝色为基调，这十分符合宝岛台湾处在汪洋碧海中这一地理特色。厅内带有典型的闽南地方特色，西侧主墙面上是一幅大型漆画《双潭映月》，描绘的是台湾日月潭的美丽景象。东侧墙上的漆画《螺女》和《蝶姬》，也是表现的闽、台地区广为流传的神话故事。香港厅的装饰风格是中西结合，顶部悬挂的大吊灯和环形灯是由奥地利水晶石组装的，墙面和地板也是用西班牙大理石镶贴的。而主会议厅的大屏风则是花梨木和石材结合制成的，上面江泽民同志的题词是用中国传统木雕贴金箔的工艺制作的。这种中西结合的风格体现了香港地区中西交融的文化特色。

第三节　人民英雄纪念碑——永垂不朽

人民英雄纪念碑位于北京市天安门广场的中央，为了纪念在解放战争、抗日战争以及上溯到1840年鸦片战争以来为民族解放而奋斗牺牲的革命烈士，中央决定在天安门广场修建人民英雄纪念碑。纪念碑于1952年开始修建，至1958年竣工。建筑设计方案执笔人是梁思成，雕塑创作执刀人是刘开渠。

人民英雄纪念碑通高37.94米，略低于天安门城楼，由碑身、须弥座和台基三部分组成。为了加强艺术感染力，纪念碑汲取了中外纪念碑身的手法，碑身平面呈长方形，是用几百块花岗岩分层垒砌而成的。出于对天安门集会的视觉需要，纪念碑的设计改掉了传统建筑坐北朝南的习惯，将北立面作为正面。正面碑心是一整块石材，镌刻着毛泽东题写的“人民英雄永垂不朽”8个镏金大字。背面碑心则由7块石材构成，碑文为毛泽东起草、周恩来书写的：

三年以来，在人民解放战争和人民革命中牺牲的人民英雄们永垂不朽！

三十年以来，在人民解放战争和人民革命中牺牲的人民英雄们永垂不朽！

由此上溯到一千八百四十年，从那时起，为了反对内外敌人、争取民族独立和人民自由幸福，在历次斗争中牺牲的人民英雄们永垂不朽！

纪念碑碑身下面是须弥座，共两层，用于承托碑身。上层较小，四面刻着牡丹、荷花、菊花、垂幔等拼成的8个花环，以示对烈士的崇敬之情。下层较大，镶嵌着10幅巨大的汉白玉浮雕，其中的8幅作品，分别反映了“虎门销烟”“五四运动”等中国近现代史上著名的革命事件。另外两幅则是表现“支援前线”和“欢迎中国人民解放军”的装饰性浮雕。这些浮雕的高度均为2米，总长度为40多米。如此巨大的浮雕，由于慎重的选材和精细的工艺处理，至少能完好地存在800年到1000年，每幅浮雕里有20个左右的英雄人物，这近200个人物形象，每个都和真人一样大小，他们的面貌、感情和姿态形象都不相同。

第一幅浮雕描写的是“销毁鸦片烟”的场景。在鸦片战争前夕，中国很多人吸食鸦片，身心受到毒害。为了禁烟，愤怒的群众在虎门集中销毁了大量鸦片。浮雕以此为依据，刻画了这一场景。人们把鸦片运到海边，倾倒在窑坑里焚烧，鸦片变成灰，冒出滚滚浓烟。人群后面，是已经做好准备的战船，可以随时还击英帝国主义的挑衅，整个画面表现出中国人民反鸦片反侵略的决心。

第二幅浮雕是描写太平天国的“金田起义”。这是清朝末年，广西金田村爆发的一场巨大的农民起义。它拉开了中国民主主义革命的序幕，它建立了自己的军队和领导机制，提出了较为完整的经济制度，严重地动摇了清朝的封建统治，促进了社会的进步。表现在浮雕上，则是一群拿着大刀、锄头的起义人民，正从山坡冲下来，心中充满了对自由、平等的渴望。

第三幅浮雕描写的是1911年辛亥革命“武昌起义”的庄严画面。辛亥革命结束了中国两千多年来的封建帝制。深夜中起义的革命者和愤怒的市民，拿着武器，向总督府里冲去。总督府内变成了一片火海，牌子被打断，清朝的龙旗被人们撕碎，生动地表现着人民对腐朽清王朝的毁灭。

第四幅浮雕描写的是“五四爱国运动”，画面显示出学生们群情激奋，他们举着废除卖国密约的旗帜在天安门前举行爱国示威游行。浮雕刻画得十分细致，人群中一个男学生站在高处，正在向围着他的群众演说。很多梳着辫子、穿着长裙的女学生则正在向市民们散发传单，整个浮雕充满了激动人心的气氛，表现出五四运动是一场旧民主主义革命向新民主主义革命的转折点。

第五幅浮雕描写的是“五卅运动”。1925年5月30日，上海一万多名群众举行反帝国主义大示威，英国巡捕向群众开枪射击，死伤多人，这就是著名的“五卅惨案”。惨案的发生激起了全国人民的极大愤慨，促使了全国范围内反抗运动的爆发。这幅浮雕表现出由工人阶级领导的各界人民坚强不屈地向帝国主义斗争的情景，画面上商店关门罢市，成千上万的学生、市民冲破敌人的封锁在街上游行示威。还有那些被打伤的工人，在战友们搀扶下，继续勇往直前。

第六幅浮雕描写的是“八一南昌起义”。1927年8月1日，中国共产党领导

的军队针对中国国民党的分共政策而发起了武装反抗，打响了武装反抗国民党反动派的第一枪，从此中国共产党也开始创建革命军队，独立领导武装斗争。这一事件表现在浮雕上是从一个连队的角度来刻画的。画面中，一个连队的连长，挥着右手向战士们宣布起义，士兵们举着起义的信号灯，信号灯的光辉照亮了红旗，战马奔腾，群情激昂，普通的人民正在帮助战士搬运子弹，战士们高呼着向前冲去。

第七幅浮雕描写的是“抗日敌后游击战”。游击战在中国共产党领导的革命中，尤其是在抗日战争中，起了十分巨大的作用。浮雕上是以太行山区的敌后游击战来表现的。在太行山区内，游击队员们穿过茂密的树林和“青纱帐”，士气高昂地去和敌人战斗。当地的农民也纷纷响应，拿着铁铲背着土制地雷去和敌人拼命。其中，还有给儿子送枪去打仗的白发的母亲，还有等候在指挥员身旁、准备随时投入到战斗中去的年轻人。

第八幅浮雕在碑的正面，是所有浮雕中最大的一幅，描绘的是解放战争时期人民解放军百万雄师过大江的画面。当年长江被认为是不能逾越的天堑，但是人民解放军为了取得战争的胜利，硬是凭着无畏艰险的信念胜利渡过。浮雕上，数不清的战船在波涛中奋勇前进，号兵吹起，已登上敌岸的战士们，踏着反动派的旗帜，向国民党反动统治的驻地南京城冲锋。

第九幅和第十幅浮雕是两块装饰性的浮雕。一幅表现的是渡江前夕，人民热烈支援前线的场面：农民们运送军粮、工人们帮忙抬担架、妇女们送军鞋等；另一幅则是欢迎解放军的画面：全国各阶层人民举着红旗和鲜花，捧着水果，欢迎和慰劳解放军，整幅画面充满浓浓的暖意。

浮雕下面是两层台基。上层呈方形，下层呈海棠形，四面均环绕着栏杆，并设有台阶。整座人民英雄纪念碑面对天安门，肃穆庄严，雄伟壮观。它集合了明清以来的汉民族建筑与希腊罗马建筑的风格，并且是中国最大的纪念碑。

第四节　防洪胜利纪念碑——哈尔滨地标式建筑

在哈尔滨市道里区中央大街尽头的广场上矗立着一座纪念碑，是哈尔滨防洪胜利纪念碑，它是为了纪念哈尔滨市人民1956年、1957年连续两年战胜松花江特大洪水和1958年建成永久性防洪江堤而兴建的。

哈尔滨紧邻松花江，境内分布着很多河流。新中国成立前，哈尔滨屡次遭受洪水侵袭，1932年的哈尔滨连续降雨27天，最高水位近120米，造成23万人受灾。新中国成立后，1953年、1956年和1957年，哈尔滨又连续发生洪水灾害，特别是1957年发生的特大洪水，最高水位达120米，超出市区地面约4米。但是在这种险情下，英勇的哈尔滨市人民在中国共产党的领导下，与洪水顽强搏斗，终于取得了胜利。为了哈尔滨市人民免遭洪水灾害，确保哈尔滨市人民生命财产的安全和社会主义建设，党和政府修筑了一条永久性百里长堤。长堤完成后，为纪念防洪斗争和筑堤的伟大胜利，政府又于1958年修筑了这座防洪胜利纪念碑。

纪念碑是由设计师巴吉斯·兹耶列夫和哈尔滨工业大学第二代建筑师李光耀共同设计的，是一座具有欧洲古典建筑风格的建筑。由塔身和附属的回廊组成，塔身高22.5米，上窄下宽，由深绿色的花岗岩砌成，十分坚固耐久。塔基前是一座喷泉，喷出的水柱较为细小，象征着人民已经把惊涛骇浪的江水驯服。塔座下部的水池分为两级：上阶表示海拔标高120.30米，是1957年全市人民战胜大洪水时的最高水位；下阶表示海拔标高119.72米，这是1932年洪水淹没哈尔滨时的最高水位。

纪念碑中部雕刻着浮雕，表现的是防洪大军顺利战胜洪水的故事。他们运土打夯，奋斗在最前线，用自己大无畏的精神，保住了堤坝，胜利后他们

欢喜鼓舞，聚在一起庆功。浮雕集中反映了在防洪斗争中人们所表现出的视死如归的英雄气概。塔顶是抗洪筑堤英雄的立体雕像，象征着哈尔滨市人民在党的领导下，永远是战胜困难的胜利者。

围绕着纪念碑，是一个罗马式回廊，回廊以纪念塔为中心，呈半圆形，由20根7米高的科林斯圆柱组成，每根圆柱的上端用环带相连接，组成了一个长达35米的半圆回廊。这个回廊每根圆柱之间都是空的，因此创造了一种空透、舒朗和自由的气氛。与纪念塔交相辉映，组成了一幅完整的画面。科林斯圆柱的柱式与哈尔滨市俄罗斯古典建筑风采相协调，成功地体现了哈尔滨市的特色。

防洪胜利纪念碑，不仅仅是哈尔滨市众多雕塑中的典型代表，而且已经成为哈尔滨市的骄傲和象征。1997年时任俄罗斯总统叶利钦访问哈尔滨，得知当时有上万侨居哈尔滨的俄罗斯人也参加了抗洪后，特意前来参观了这座纪念塔，并对抗洪人民表达了深深的敬意。

第五节　毛主席纪念堂——肃穆明朗

毛主席纪念堂位于天安门广场上、人民英雄纪念碑的南面，它是为了纪念毛泽东主席，并且为保存其遗体的水晶棺而建造的。

1976年9月9日，人民领袖毛主席逝世，全国人民都陷入了极度的悲痛之中。应全国各族人民的要求，中央决定将毛主席的遗体在水晶棺中作永久留存，同时做出建立毛泽东主席纪念堂的决定。

纪念堂从计划到建成进行了多次商讨和筛选。根据中央做出的指示，北京、天津等8个省市选出最优秀的建筑师汇聚在首都，组成了选址设计工作组。设计组最开始想到的是，毛主席生前南征北战几十年，十分操劳辛苦，在逝世之后，应该将他葬在风景优美的地方，让他老人家安息。设计组想到了近水与近山两个方案，在静谧的水边可以感受“水上日出”，在高远的山上可以观赏“山顶明星”。因此，选中了中南海、昆明湖、香山、玉泉山等地，但是，这些方案后来还是被人们否定了。设计组认为，毛主席的身躯与精神，不是自然山水能够容得下的，他一生都在为广大人民奋斗，只有安卧在人民群众中才最合适。因此，毛主席纪念堂的地址最终选定在天安门广场。而纪念堂的位置具体是在纪念碑的南面，与天安门遥相对望。如此一来，以纪念碑为中心，东、西各有革命历史博物馆和人民大会堂，形成了一个完整的广场建筑群。

因为纪念堂处于人民英雄纪念碑和正阳门之间的中轴线上，因此纪念堂既要能遮住正阳门，又不能压倒纪念碑，所以最终决定高度为30米。

关于纪念堂的建筑形式，开始很多人认为要建造得宏伟、高大，只有这样才能体现出毛主席的伟大和崇高。后来，南京工学院杨庭宝教授提出，要建设成一个边长50米正方形的建筑。而且，纪念堂是在天安门广场的中轴线上，所以应该采取轴对称或中心对称的形式，正方形建筑，平面布局平整，造型简洁，给人以平衡稳重的感觉。因此，纪念堂建成后，其主体呈正方形。

毛主席纪念堂在建设过程中，还成立了工程现场指挥部，当时的国务院副总理谷牧先生负责纪念堂建设的领导工作。因此，纪念堂仅仅用了6个月的时间，以高质量的规格正式竣工。纪念堂是一座正方形大厦，坐南朝北，外观为两层。外面有44根福建黄色花岗岩明柱，柱子间装有佛山石湾花饰陶板，全部用青岛花岗岩贴面。屋顶是双重飞檐，檐间刻有葵花浮雕，檐口上贴着金色琉璃瓦。正门上方镶嵌着“毛主席纪念堂”汉白玉金字匾额。基座

▲毛主席纪念堂。

有两层平台，台帮全部用枣红色花岗岩砌成，四周环以汉白玉栏杆，栏杆上雕刻着象征江山永存的万年青。南、北门台阶中间又各有两条汉白玉垂带，上面雕刻着万年青、蜡梅、青松等图案。大门南北两侧各有两组8米多高的群雕，展示着中国人民在毛主席领导下的革命历程。

由北门进入，就是北大厅，是举行纪念活动的地方。大厅内有1米见方的4根大柱，顶上有110盏葵花灯。迎面是3米多高的毛主席塑像，毛主席面含微笑，端庄安详。在毛主席坐像的背后，悬挂着一幅名为“祖国大地”的大型绒绣。

由北大厅南侧大门进去是瞻仰厅，这是纪念堂的核心部分。在瞻仰厅的正中间是安放着毛主席遗体的水晶棺。水晶棺距地面80厘米，地下是由黑色花岗岩砌成的梯形棺座，四周嵌着党徽、国徽、军徽和毛主席的生卒年份，周围有万紫千红的山花围绕。水晶棺中的毛主席着灰色中山装，身上覆盖着中国共产党党旗。正面汉白玉墙面上，镶嵌着“伟大的领袖和导师毛泽东主席永垂不朽”17个镏金隶书大字。

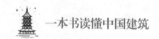

瞻仰厅南面是南大厅，汉白玉石墙上镌刻着毛主席写的词——《满江红·和郭沫若》。东西各厅是为纪念中国共产党建党80周年而增设的，是老一辈无产阶级革命家的革命业绩纪念室，室内展出着大批文物、文献、书信和图片。而且纪念室中还增设了等离子超薄电视和电子资料触摸屏，可播放领导人的资料片，以及他们的一些名言名句。在二楼，有一个电影厅，可以观看纪录片《怀念》，这部纪录片时长20分钟，集中而生动地表现了革命领袖为中国人民的解放事业和社会主义建设事业所建立的丰功伟绩，再现了他们同人民群众在一起的感人场面。

纪念堂并不只是钢筋水泥建筑，周围还种植了很多植物，放置有带有自然性质的泥塑。植物以苍松翠柏为主，还有北京油松、青岛雪松、延安青松和房山红果树等。纪念堂的北门和南门分别有两组泥塑，北门的两组泥塑表现了新民主主义时期和社会主义建设时期的革命历程，南门的两组泥塑则是以继承毛主席遗志、各族人民显示出无比信心为内容。这四组泥塑共有几十个人物，由来自全国各省市的100多名雕塑家完成，表现出人们对毛主席的崇敬和怀念。

第六节　鉴真和尚纪念堂——文化交流使者

20世纪70年代，中日双方的交流不断加强，为纪念对中日两国文化交流做出重大贡献的唐代僧人鉴真，就在扬州市古大明寺内修建了鉴真纪念堂。

唐代僧人鉴真，俗姓淳于，扬州人。14岁时开始学习佛法，学识渊博，尤其对于律藏的造诣很深。唐朝天宝年间，日本僧人荣睿、普照来华学佛留学，受日本佛教界和政府的委托，邀请他去日本传教，鉴真欣然应允，并先后六次东渡日本。鉴真前五次东渡日本都没有成功，由于海上风浪、触礁、沉船、牺牲以及某些地方官员的阻挠而失败，后来鉴真的日本弟子荣睿病故，他十分悲痛，再加上天气炎热，突发眼疾，鉴真从此双目失明。但这些困难都没能动摇他去日本传教的决心，因此就有了鉴真六渡日本的故事。

鉴真在日本受到了极大的欢迎，他虽然双目失明，但积极地弘扬佛法，讲授医药知识，传播中国文化。鉴真在日本传授律藏，使得日本有了正式的律学传承。因此，鉴真被尊为“日本律宗初祖”。

后来，鉴真及其弟子们在日本设计修建了唐招提寺，在这里传律授戒。唐招提寺的建造方式、塑像和壁画等各方面都采用了唐朝的先进工艺，因此唐招提寺在日本是极富异域色彩的建筑，可以说它是日本现存最大最美的建筑。

为了纪念这位为中日友好关系做出巨大贡献的传奇人物，在1963年鉴真圆寂1200周年的时候，中日双方商议决定建造一座鉴真和尚纪念堂。纪念堂于1973年动工，一年之后竣工。它是由我国著名建筑家梁思成参照日本唐招提寺金堂设计的，梁思成不仅对我唐代庙宇建造风格进行了研究，还为此专程到日本，参观了唐招提寺和日本其他一些古建筑，精心设计了这座纪念堂。由于唐招提寺是鉴真亲自设计的，既具有浓厚的唐代色彩，又糅合了日本当时的建筑特点，既然鉴真和尚纪念堂仿照唐招提寺，也就具有了中日两种建筑风格，表现出中日文化互相交融的特点。

纪念堂可分为两部分，一部分是四松堂构成的清式四合院，另一部分是仿唐式四合院，它们同处在一条中轴线上。清式四合院中，南面为纪念馆，北面为门厅，中间有游廊连接，游廊上悬有云板、木鱼，天井内有4棵古松，

▲鉴真和尚纪念堂。是为纪念唐代鉴真大和尚而建的一座由门厅、回廊和正厅组成的仿唐代四合院建筑。

整体上给人一种清幽、雅致的感觉。仿唐式四合院包括纪念堂和纪念碑等，园内也种植着花草植物，其中的樱花是1980年鉴真大师像回国时，唐招提寺森本孝顺长老所赠。

纪念堂坐北朝南，面阔五间，进深四间，周围有可两人合抱的腰鼓状檐柱。在殿前有一个石灯笼，十多年长明不灭，是原招提寺住持森木孝顺长老赠送的。正殿中央是鉴真的坐像，是我国雕塑艺术家刘豫先生按照日本招提寺的鉴真像塑造的。鉴真结跏趺坐，神态安详，虽然合闭着双眼，但仍能感受到一丝笑意。坐像前有一只铜香炉，是日本天皇赠送的。

纪念堂内有一个纪念碑，记载着与鉴真和纪念堂相关的事件。与我国传统的竖碑不同，这座纪念碑高1.25米，宽3米，是一座卧碑。据说这是梁思成一夜之间设计而成的。这座纪念碑采用横式，周围边框较为突出，正面是“唐鉴真大和尚纪念碑”几个大字，是由著名学者郭沫若题写，背面则刻着佛教领袖赵朴初在纪念堂奠基典礼上写的文章。纪念碑采用莲花式底座，莲花因“出淤泥而不染，濯清涟而不妖”而成为佛教的象征，广泛出现在佛教故事和佛教建筑装饰

中。莲花座上面有以卷叶草为主题的纹样花饰，因为这种卷叶草是唐朝特有的草，所以就以它来象征鉴真生活的年代。

鉴真和尚纪念堂既是一座佛教建筑，又是中日友好交往的见证。它的建造，不仅表达了对鉴真的怀念，更表现出我们对不同文化交流的肯定和鼓励。

第七节　中国美术馆——现当代美术的“世界之窗”

中国美术馆位于北京市东城区，是我国一座国家级的艺术博物馆，主要用于收藏、研究和展示中国近现代艺术家的作品。

中国美术馆始建于1958年，与人民大会堂一样，属于为纪念新中国成立10周年时筹建的北京十大建筑之一。美术馆于1962年竣工，是中国最大的美术馆。美术馆最开始叫“中央美术展览馆”，后来毛泽东主席将“央”字改为“国”字，并且去掉了“展览”二字，在馆额上题写了“中国美术馆”，美术馆的名字和地位从此确立下来。中国美术馆第一任馆长是著名雕塑家刘开渠，第二任馆长为著名国画家杨力舟，第三任馆长为著名国画家、艺术教育家冯远，第四任馆长为美术专家范迪安，现任馆长是著名雕塑家吴为山。

美术馆虽然是现代建筑，但是主体大楼为仿古阁楼样式，古代传统样式的屋顶上铺有黄色琉璃瓦，体现出鲜明的民族建筑风格。整个美术馆分为上、中、下三层，共20个展厅，其中，一层有9个展厅，二层有5个展厅，三层有3个展厅。另外，一层与二层之间的夹层还有3个小型展厅。这些展厅面积不尽相同，可以满足不同大小艺术作品展览的需要。

◀中国美术馆的主体大楼为仿古阁楼式，黄色琉璃瓦大屋顶，四周廊榭围绕，具有鲜明的民族建筑风格。

据有关数据显示，馆内收藏各类美术作品达10万余件，主要是新中国成立前后时期的作品，也有民国初期、清代甚至明末艺术家的杰作。藏品主要为近现代美术精品，这些近现代的艺术作品主要是中国当代著名美术家的代表作品和重大美术展览获奖作品，可以说它们都是美术精品。此外，美术馆中还有丰富多彩的民间美术作品，如年画、剪纸、皮影、彩塑、刺绣等。

中国美术馆不仅收藏了中国的美术作品，还有一些外国艺术品，包括德国收藏家路德维希夫妇捐赠的欧美国际艺术品117件，其中有4幅著名的西班牙画家、雕塑家毕加索的作品，还有非洲木雕及其他外国美术作品数百件。这是中国首次大量收藏西方艺术品。

中国美术馆除了具有收藏美术作品的职能外，还可以举办

展览。从美术馆建成使用以来，已经在此处举办过数千场展览，而在这些展览中还有国际性展览，例如“美国哈默藏画500年名作原件展”“毕加索绘画原作展”“德国表现主义版画展”“罗丹艺术大展”“米罗东方精神艺术大展”等，都产生了巨大的反响。可见中国美术馆已成为向大众进行美育的重要艺术殿堂。

随着社会各个方面的发展，美术馆也在不断建设与完善。2002年，美术馆对主楼进行了改造装修。展厅设施、灯光照明、恒温恒湿、消防报警等都达到了国内领先水平。除此之外，美术馆还专门成立了顾问委员会、艺术委员会、展览资格评审小组等专门机构，完善了职能分配。政府的支持和文化部的领导，为美术馆收藏艺术珍品奠定了良好基础，美术馆加大了收藏力度，也丰富了藏品种类。李平凡、刘迅、唐一禾、吴作人、吴冠中等一些艺术家、收藏家积极地向美术馆无私捐赠，为中国美术馆藏品提供了更为丰富的资源。中国美术馆，不仅成为国家美术的收藏中心、展览中心，也成为国内外美术交流活动中心和社会公共教育服务中心。

第八节　香山饭店——融贯中西建筑特色

贝聿铭是著名的美籍华人建筑师，出生于广东省广州市，于1935年赴美国哈佛大学建筑系学习。他在设计建筑时善于运用钢材、混凝土、玻璃和石材，被誉为“现代建筑的最后大师”。贝聿铭设计了很多公共建筑和文教建筑，代表作品有美国华盛顿特区国家艺廊东厢、法国巴黎卢浮宫扩建工程等。北京香山饭店是贝聿铭1982年设计的作品，这是他第一次在中国设计的作品，十分成功，也是他的代表作品之一。

关于北京香山饭店，贝聿铭曾经说过：“香山饭店在我的设计生涯中，占有重要的位置，我花费的时间精力比在国外设计一些建筑高出10倍，从香山饭店的设计，我企图探索一条新的道路——在一个现代化的建筑物上，体现出中国民族建筑艺术的精华。”本着这一设计目标，贝聿铭在设计香山饭店时，有意将现代建筑方法与中国古典园林建筑特点结合起来，使得香山饭店建筑别具一格，既具有城市感，又具有自然感；既有中国古典建筑的传统特色，又有现代化的服务设施。

香山饭店建筑面积有35000平方米，依托香山，蜿蜒曲折，院落相间。饭店内有262套设施齐备、宽敞舒适的客房，还有风格各异的餐厅。除此之外，还设有各种形式规格的会议室、宴会厅以及多功能厅等，可以为宾客提供多方位的完善的服务。

香山饭店不仅设施齐全，建筑本身的设计也十分考究。为了“不与香山争高低”，饭店整体建筑比较低矮，并且被切成许多小块，形成水平方向延伸的、院落式的建筑。多个庭院虽被区分开来，但又紧密地联合在一起。例如，虽然在空间上是隔开的前庭和后院，由于中间设有“常春四合院”，利用其中的水池、假山和青竹，便使前庭和后院具有了连续性。饭店中心是仿照北京四合院的天井形式，与中国传统建筑形式相吻合，颇具特色。长排的洁白楼房，高度都不超过四层，装饰着格子花样和八角窗，十分古典。

香山饭店是现代建筑，自然要使用钢铁、玻璃等材料，但是设计者并没有强调这些材料的使用，客房部分依然采用承重砖的传统建筑结构，内部也是运用了木、竹等自然材料，有一种古典的和自然的气息。另外，香山饭店在设计时十分重视园林和绿化在建筑中的作用，后花园内设计者将山、水、石径、树木、花草等布置得非常得体，借景入室，使人在休息时能欣赏到自然美景，别有一番趣味。

香山饭店的自然与古朴典雅之处还表现在对颜色的运用上。它的主色调是中国传统的灰白两色。中国传统的园林建筑中，北方的皇家园林在色彩配置上多为富贵和喜庆的黄色和红色，而南方的私家园林则多为素雅的灰色和白色，这两种颜色也可以说是寻常人家的代表色。贝聿铭在设计香山饭店时，参考的是苏州的平坦屋顶和白墙，他想通过建筑来说明中国的建筑文化不是只有宫殿和寺庙的红墙黄瓦，更多的是普通百姓家的白墙灰瓦。因此，香山饭店主要运用白、灰、黄褐三种颜色，这虽然在北京看来很不合时宜，但是白墙灰瓦使得室内室外都和谐高雅，就像没有涂抹口红的少女一样，具有自然质朴的美丽。

在形状方面，香山饭店是重复使用具有中国传统符号特征的方和圆。饭店的大门、窗户多为方形，屋内有些内门和内窗也有的设计成圆形，就连照明灯具和客房内部设计，也是这两个形式重叠。这种重复运用正方形和圆形两种图形的设计手法，使得整个建筑产生了韵律，看上去既简单又丰富。

可见，香山饭店是一座融中国古典建筑艺术、园林艺术、环境艺术为一体的建筑，它既有优美的景色，又有厚重的文化积淀，还是一座现代化的饭店，可满足现代人的住宿需求。贝聿铭的这项设计十分成功，香山饭店获得了1984年美国建筑学会荣誉奖，成为中国古典建筑风格与现代建筑设计相融合的典范。

第九节　东方明珠广播电视塔——“世界会客厅”

东方明珠广播电视塔坐落在上海浦东新区陆家嘴，毗邻黄浦江，与外滩隔江相望，不仅是上海国际新闻中心所在地，还是集都市观光、时尚餐饮、购物娱乐、历史陈列、浦江游览、会展演出等多功能于一体的休闲娱乐中心。

“东方明珠”这一名字的得来与唐朝诗人白居易的《琵琶行》有关。白居易描写琵琶的声音时，曾将其比喻成“大珠小珠落玉盘”。而设计者在这一广播电视塔中设计了11个大小不一、高低错落的球体，犹如从天而降的一串明珠，其中有两个巨大的球体，像红宝石一般，晶莹夺目。由于东方明珠的两面分别有杨浦大桥和南浦大桥，所以从远处看，它们巧妙地构成了一幅二龙戏珠的画卷。

东方明珠塔是由上海现代建筑设计（集团）有限公司的总工程师江欢成设计的，1991年动工，三年之后建成，当时的国家主席江泽民同志题写了

▼东方明珠广播电视塔。它是多筒结构，有下、上、顶三个球体，塔内有太空舱、旋转餐厅、上海城市历史发展陈列馆等景观和设施。

“东方明珠广播电视塔”的塔名。全塔共14层，高468米，是亚洲第四、世界第六高塔，是上海的地标之一。

如此巨大的工程，各方面都付出了巨大的努力。在建造之初，上海市广播电视局经费十分有限，一期工程资金缺口达到2亿元人民币，同时二期工程所需建设资金3亿元人民币也尚未筹集。但是这并没有影响到该塔的继续建设，上海市广播电视局为此将上海广播电视塔转型为股份有限公司，推动其上市和公开募股，从而确保了建设资金。1994年11月，东方明珠开始对外试营业。1995年5月，正式举行了落成和发射典礼。

上海东方明珠电视塔由广场、塔座、3根直径为9米的擎天大柱、下球体、上球体和太空舱组成，这些球体的设计与上海国际会议中心的两个巨大球体构成了“大珠小珠落玉盘”的意境。这些球体的设计是东方明珠电视塔的一大特色。这些球体由三根直径为9米的擎天立柱“串”起来，大小、高低不同的全部球体加起来共11个，其中，塔的上、下部分，分别有一个巨大的球体，直径达45米和50米。在擎天立柱335米高的地方，是一个直径14米的太空舱，是东方明珠塔最高的观光层。

塔的最底层是一个宏伟的大堂，检票大厅中的豪华电梯十分刺激，它以7米/秒的速度把人们在40秒内平稳送至263米高处的观光层，让人切实体会到一种飞一般的感觉。东方明珠塔中有15个观光层，主要的有零米大厅的上海城市历史发展陈列馆，下球体中的太空游乐城、90米和259米处的室外观光层、263米处的主观光层、267米处的旋转餐厅以及350米高的太空舱。

东方明珠科幻城位于塔底，科幻城内有森林之旅、南极之旅、魔幻之旅、藏宝洞、迪尼剧场、欢乐广场、动感影院等刺激有趣的项目，老少皆宜。其中还有独一无二的“太空热气球”项目，它能将人送上天空，尽览上海大都市美景。

上海城市历史发展陈列馆是专门介绍上海近百年来发展历史的史志性博

物馆，展示面积超过6000平方米，馆中的陈列分为租界、政治风云、近代文化、近代城市经济、都市生活和旧上海市政建设与街景六大部分，全面反映了上海各方面的变化。为了增加观赏性与参与性，陈列馆采用“融物于景”的场景化展示手法，通过蜡像人物、文物道具、实景、影视等动静结合的方法，使展示的内容更为逼真、生动，让人们在感受历史文化的同时领略现代化高科技的魅力。

“凌霄步道”位于259米塔高处，这是一个悬空观光廊，周长150米，宽2.1米，脚下是透明的玻璃，走在上面，宛如悬在空中一般，透过脚下的玻璃，可以俯瞰黄浦江两岸全景，感受“720度全方位”的视觉体验。

空中旋转餐厅誉满中外。它位于塔高267米处的球体中。营业面积有1500平方米，可同时容纳350位来宾用餐。旋转餐厅每2小时旋转一圈，可以使人360度全方位观看外面的景色。餐厅内，背景灯光照射在冰花玻璃上，金碧辉煌，宛如人间仙境。餐厅外，透过宽敞明亮的球体玻璃窗，俯视浦江，让人体会到“会当凌绝顶，一览众山小”的豪迈感觉。

东方明珠塔以其极富特色的建筑和观光、购物、娱乐等完善的服务，成了多功能的、综合性的旅游文化景点。每年接待来自五洲四海中外宾客280多万人次，被国家旅游局评为全国首批5A级旅游景点，荣获“上海十大新景观”之一，成为上海的标志。

第十节　金茂大厦——一览众山小

金茂大厦位于上海浦东核心地区——陆家嘴金融贸易区中心，地理位置

优越，交通便利。这座大楼高420.53米，目前是位列上海中心大厦、上海环球金融中心之后的上海第3高的摩天大楼。这座大厦是由美国芝加哥著名的SOM设计事务所设计规划的，由当时的设计合伙人Adrian Smith主创设计。设计者将世界建筑潮流和建筑技术与中国传统建筑风格，尤其是塔形风格紧密联系起来，成为上海的标志性建筑物。金茂大厦先后荣获伊利诺斯世界建筑结构大奖、新中国50周年上海十大经典建筑金奖第1名、第20届国际建筑师大会艺术创作成就奖等多项国内外大奖。

金茂大厦于1994年开始建设，5年后建成，占地面积2万多平方米，总建筑面积达29万平方米。地上有88层（不算尖塔的楼层），地下有3层，客房超过555间、130部电梯，是集现代化办公楼、五星级酒店、会展中心、娱乐、商场等设施于一体的摩天大楼。

其中3至50层是办公层，是宽敞明亮的无柱空间，可同时容纳1万人办公。51层和52层是机电设备层。53至87层是一个超五星级的豪华酒店　　金茂凯悦大酒店，它是目前世界上最高的酒店之一，酒店中有500多间风格各异的客房，还有各式餐厅，它们围绕着一个直径27米的“空中中庭”，这个中庭从56层开始，直至顶层，阳光透过玻璃可以折射进来，使得室内明亮而温馨。第88层是可以容纳1000多名游客的观光层，距地面340.1米，是仅次于上海环球金融中心的第二高的观光层。

金茂大厦的建设运用了很多新材料和新技术。由于上海靠近海边，容易遭受台风袭击，也易发生地震，而且土地属于砂黏土，所以结构工程师在环绕中心部分设计了一个钢筋混凝土的保护性结构，大楼框架下面有一个4米厚的钢筋混凝土筏式基础，还有打入砂黏土层65米深的429根空心钢柱，这样大楼的地基十分牢固。而且人楼在建设时，采用了最新结构技术，垂直偏差仅2厘米，顶部晃动不到半米，这样大楼可以保证在12级大风和7级地震时仍然屹立不倒。

大厦的外墙是由大块的玻璃墙组成，阳光照耀下，可以反射出似银非

▲上海金茂大厦俯视图。

银、深浅不一的色彩，时尚而大气。这些玻璃墙由美国进口，玻璃都分为两层，中间有低温传导器，这样外面的气温就不会影响到内部。

金茂大厦的大厅设计很别致。墙面选用的是具有良好隔音效果的地中海有孔大理石，地面铺设的大理石则光而不亮，平而不滑，便于人们行走。门框是圆拱式的，给人以高大、宽敞和明亮的感觉。前厅内有八幅铜雕壁画，上面雕刻着甲骨文、金文、小篆、隶书、楷书、草书等中国传统书法艺术，反映了中国五千年的文明史。

金茂大厦中有一个15000多平方米的购物中心，内部设计也十分完美。有用特殊玻璃地砖拼设的空中走廊，还有螺旋扶梯。穹顶是玻璃的，可以自然采光。其中的商铺都是用高强度不锈钢和落地玻璃分隔组成的开放式的，极具视觉穿透力。

金茂大厦第88层是观光厅，

面积为1500多平方米，是目前国内最大的观光厅。观光厅内都是用进口天然大理石，十分豪华。墙面也是玻璃的，透过玻璃墙向外望，视野十分开阔，黄浦江两岸以及长江口的壮丽景色都尽收眼底。88层观光厅内有一个邮政服务处，为游客提供珍贵邮品，可以说是中国最高的“空中邮局”。

金茂大厦的设计师虽然不是中国人，却能在建筑中巧妙地应用中国传统建筑特色，并把世界先进的建筑技术融合进去，成功设计出世界级的建筑精品。金茂大厦已成为海派建筑的里程碑。

第十一节　北京首都国际机场3号航站楼——时尚兼具古典

北京首都国际机场3号航站楼位于首都北京国际机场东面，是为了迎接2008年北京奥运会而修建的一座国际性的航站楼。航站楼于2004年开工建设，2007年底全面竣工，2008年已经投入使用。整个航站楼建筑面积90多万平方米，其中一条长近4千米的跑道，可以供目前世界上最大的飞机顺利起降。航站楼内引进了许多国际先进技术，配备了世界上最先进的飞机引导系统，这是我国目前最先进的起降导航系统，即使在很低的能见度下仍可实行飞机起降。

北京首都国际机场3号航站楼的设计师是英国建筑大师诺曼·福斯特，如果从空中俯瞰机场就像一条腾飞的巨龙，动感十足。这种完整的建筑格局，可以让人拥有震撼的出行体验。现在3号航站楼被人们形象地分为“龙吐碧珠”“龙身”“龙脊”“龙鳞”“龙须”五个部分。

“龙吐碧珠”指的是交通中心，是旅客们停靠车辆的地方，俗称停车楼。它位于3号航站楼前，地下有两层停车场，总面积为30万平方米，拥有7000个停车位。地上是4.5万平方米的轻轨交通车站，椭圆形玻璃壳体结构，旅客可从城内乘坐轻轨交通直达航站楼。

“龙身”是整个航站楼的核心部分，也是航站楼的主楼，是由T3C主楼、T3D国际候机指廊和T3E国际候机指廊组成，南北长近3000米，东西宽近800米。其中，T3C是国内区，主要用于国内国际及港、澳、台乘机手续办理、国内出发及国内国际行李提取。T3E是国际区，主要用于国际及港、澳、台出发和到达。T3C与T3E在南北方向上遥相呼应，中间由红色钢结构的T3D航站楼相连接。T3D区主要用于小部分国航国内的出发与到达。主楼有地上5层和地下2层，一层用于行李处理和远机位候等；二层是旅客到达大厅和行李提取大厅，还有捷运站台；三层是国内旅客出港大厅；四层与五层则是办票及餐饮。由于T3C和T3E之间的距离过长，所以为了方便旅客，两座楼之间建造了旅客捷运系统。这是一套无人驾驶的全自动旅客运输系统，由无线电视监控系统监控车厢内旅客情况，安全快捷、绿色环保。

“龙脊”指的是主楼的屋顶。主楼屋顶是双曲穹拱形，钢网架由红、黄、橙等12种颜色组成，远远望去就像是一条巨龙被彩色的云彩轻轻托起，十分壮观。这一彩霞屋顶，还体现出了首都机场的人文关怀。它具有指向功能，屋顶由红色向橘黄色渐变的条纹，始终指向南北，这使得旅客在航站楼内不用担心迷路。

“龙鳞”指的是屋顶上开的天窗。天窗是正三角形的，远看像巨龙身上的鳞片。航站楼天花板上有155个这样的“龙鳞”天窗，自然光线可以通过这些龙鳞天窗照射到航站楼大厅的每个角落，温暖旅途中的人们；“龙须”则是形象地指航站楼内的四通八达的交通网。

3号航站楼在时尚中也融入了中国古典元素。T3值机大厅中，迎面是“紫微辰恒”雕塑，它的原型就是我国东汉时期伟大科学家张衡发明的“浑天

仪”。在国内进出港大厅中，有四口像故宫太和殿铜缸的大缸，名为“门海吉祥”。在国际区还有园林建筑，极富古典特色。免税购物区中以“御泉垂虹”喷泉景观为核心，东、西两侧是名为“御园谐趣”和“吴门烟雨”的皇家园林，国际进出港区中还设有《清明上河图》和《长城万里图》两幅屏风壁画。这些都使得这一现代建筑充满了古典艺术气息。

机场是一个服务人民的地方，它所包含的人文关怀是极为重要的。在航站楼内人性化功能随处可见，特别是考虑到弱势群体和特殊旅客的需求，机场设置了无障碍设施，另外还有母婴室、儿童活动区以及吸烟室，这使得各类人群的需求都能尽量得到满足。

作为一个现代建筑，3号航站楼体现出了高度信息化的特点。航站楼内全面覆盖着无线网络，现代监控系统、五级安检、二次身份认证系统等为旅客出行以及航站楼的运行提供了安全保障。除此之外，北京首都国际机场3号航站楼的行李系统也是采用了国际最先进的自动分拣和高速传输系统，在航空公司将行李运到分拣口后，系统只需要大约5分钟就可以将这些行李传送到行李提取转盘，大大减少了旅客等待提取行李的时间。

第十二节　上海环球金融中心——观光天阁，云中漫步

上海环球金融中心位于上海陆家嘴，1997年开工建设，后来因遇到亚洲经济危机而暂停，2003年复工，2008年建成。上海环球金融中心毗邻上海金茂大厦，是一幢以办公为主，集商贸、宾馆、观光、会议等设施于一体的综合型的摩天大楼。

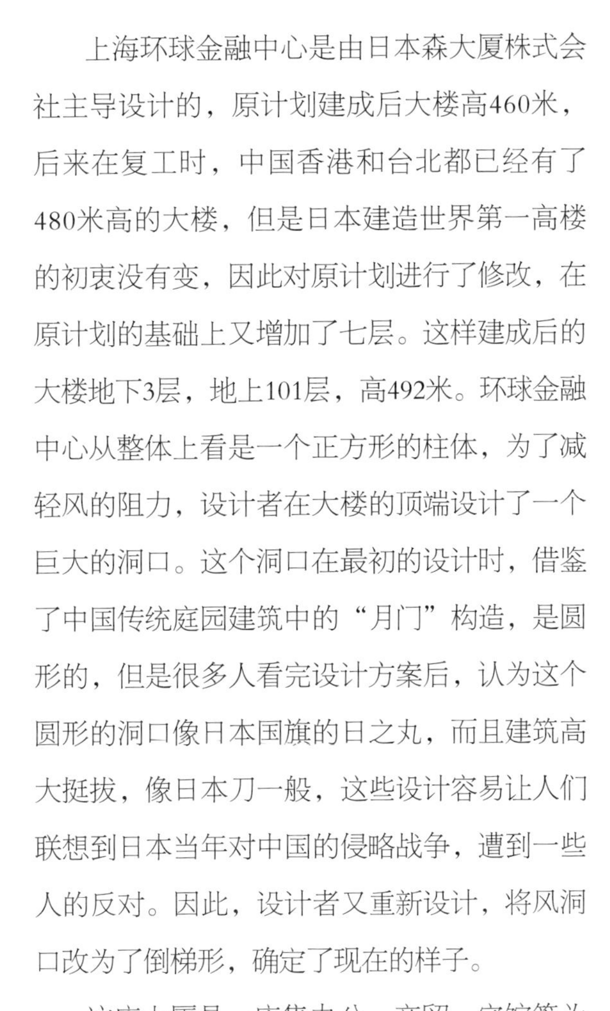

上海环球金融中心是由日本森大厦株式会社主导设计的，原计划建成后大楼高460米，后来在复工时，中国香港和台北都已经有了480米高的大楼，但是日本建造世界第一高楼的初衷没有变，因此对原计划进行了修改，在原计划的基础上又增加了七层。这样建成后的大楼地下3层，地上101层，高492米。环球金融中心从整体上看是一个正方形的柱体，为了减轻风的阻力，设计者在大楼的顶端设计了一个巨大的洞口。这个洞口在最初的设计时，借鉴了中国传统庭园建筑中的“月门”构造，是圆形的，但是很多人看完设计方案后，认为这个圆形的洞口像日本国旗的日之丸，而且建筑高大挺拔，像日本刀一般，这些设计容易让人们联想到日本当年对中国的侵略战争，遭到一些人的反对。因此，设计者又重新设计，将风洞口改为了倒梯形，确定了现在的样子。

这座大厦是一座集办公、商贸、宾馆等为一体的综合型大厦。地下2层到地上3层是商场，3层到5层是会议设施。从七层开始，一直到77层，是办公室，这是大楼的主体。79层到93层是柏悦酒店，2009年这一家酒店获得了吉尼斯“世界最高酒店”的认证。其中90层，设有两台风阻尼器，风阻尼器是一个感应器，可以感应出建筑物因为地震和强风而产生的摇

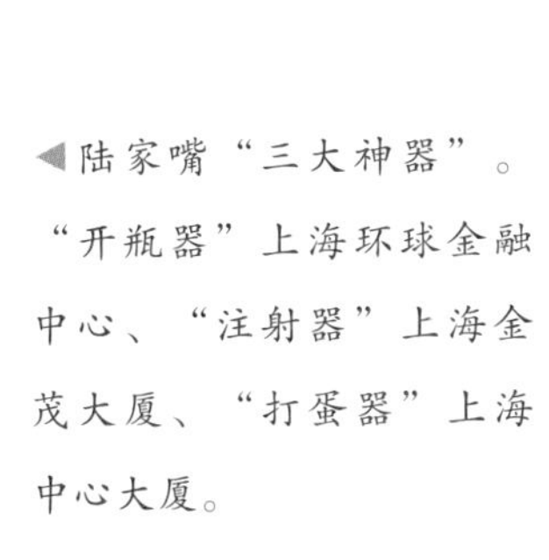

◀陆家嘴“三大神器”。“开瓶器”上海环球金融中心、“注射器”上海金茂大厦、“打蛋器”上海中心大厦。

晃。风阻尼器的方向由电脑经过计算来控制，这样就能在一定程度上减轻大楼的摇晃。

94层至100层是供人们观光的地方，共有三个观景台。94层为“观光大厅”，高400多米，面积约700平方米，人们站在这里可以一览上海风貌。除了观赏之外，这里还可以举办不同类型的展会和活动。97层是观光天桥，设计者独具匠心，将玻璃顶棚设计成了开放式的，晴好天气下，玻璃天顶向两边打开，整个观光厅就像飘浮在空中的一座“天桥”。蓝天白云似乎触手可及，有一种人与自然融为一体之感。

大厦的第100层是一个“观光天阁”，高达474米，站在这里可以平视东方明珠的尖顶，而金茂大厦的屋顶就像是在自己脚下。2009年，“观光天阁”也获得了吉尼斯“世界最高观光厅”的认证。这条观光长廊除了位置高之外，还设有3条透明的玻璃地板。人们站在玻璃地板上就像站在空中一般，地上穿行的汽车和行人都能看得很清楚，仿佛整个城市在脚下流动。

上海环球金融中心，作为一个前卫而时尚的建筑，在照明方面也进行了精心的设计，并注意到大厦整体照明景观形象与氛围的营造。它运用LED不同的产品功能及其特有的技术表现手段，保持了建筑物照明的完整性，还综合运用了大厦轮廓灯光的渐变、顶部闪光等手法，使得大厦更加辉煌、精致、靓丽，在周围建筑群落中脱颖而出。

第十三节　鸟巢——颠覆想象的建筑传奇

在北京奥林匹克公园中心区南部，坐落着北京奥运会的主体育场——鸟

巢。2008年，第29届夏季奥林匹克运动会在北京举办，鸟巢就是为这一奥运盛事建造的。2003年开始建造，2008年3月顺利建成，总占地面积21万平方米。奥运会和残奥会的开闭幕式、田径比赛及足球比赛决赛等赛事都在这里举行，奥运会后，鸟巢也成了市民体育活动和娱乐活动的场所。

鸟巢，被誉为“第四代体育馆”的伟大作品，建造十分成功。当年在确定方案时进行了十分细致的筛选。2002年10月，北京市规划委员会便向全球征集奥运会主体育场的设计方案。截止11月，已经收到44家著名设计单位的设计方案，经过资格预审，来自中国、美国、德国、澳大利亚、加拿大等国家和地区的14家设计单位的方案进入正式竞赛。后来在评审委员会的严格评审、认真筛选下，选出了3个优秀的方案，分别是由瑞士某设计公司和中国建筑设计研究院组成的联合体设计的“鸟巢”方案、由北京市建筑设计研究院独立设计的“浮空开启屋面”方案、由日本株式会社和清华大学合作设计的“大空体育场”方案。后来竞赛组织单位又征求了公众意见，“鸟巢”名列第一，成为最终实施方案。

“鸟巢”是由瑞士设计师雅克·赫尔佐格、皮埃尔·德梅隆和中国建筑设计师李兴刚等合作设计的，其形态如同自然界中孕育生命的鸟巢，寄托着人类对未来的希望。鸟巢的设计体现了2008年北京奥运会的“绿色奥运、科技奥运、人文奥运”三大理念。

“鸟巢”在建设中贯彻了“绿色奥运”的理念，采用了先进的节能设计和环保措施。鸟巢设计成一个没有完全密封的形状，可以使观众享受到自然流通的空气和自然光线，减少人工通风和人工光源的能耗。另外，鸟巢所使用的地热能源也是可再生的、环保的，足球场下面有312口地源热泵系统井，可以吸收土壤中的热量和冷量分别在冬季和夏季时为鸟巢供暖和供冷。鸟巢的顶部装有雨水回收系统，可以将回收的水用来绿化、消防和冲洗跑道等。除此之外，鸟巢还采用了处于世界先进水平的太阳能光伏发电系统，将清洁、环保的太阳能发电与鸟巢融为一体，对鸟巢的电力供应起到了良好的补充作用。

“科技奥运”和“人文奥运”的理念在鸟巢的建设中也得到了充分的体现。鸟巢在设计和施工阶段，应用了许多针对建筑结构、节能环保、智能建筑的科技成果，既满足了实际需求，又使鸟巢成了一流的国家体育场。鸟巢的设计充分体现了人文关怀，看台呈碗状，分为上、中、下三层，环抱着中心赛场，而且各层之间错落有致，这样人们不管坐在看台的哪个位置，离赛场中心的视线距离都在140米左右，赛场上的一切都能够看得清楚，而且这种近距离的设计，也使运动员有演员表演的感觉。另外，观众席中还有专门为残障人士设置的轮椅座席、助听器和无线广播系统。

作为奥运会主体育场、国家标志性建筑，鸟巢的结构特点十分显著。由于坐落在奥林匹克公园中央区平缓的坡地上，地势略微隆起，它的设计呈空间马鞍椭圆形，就像一个容器。外表结构主要是由巨大的门式钢架相互支撑组成的网络状构架，就像自然界中由树枝编织的鸟巢，整体设计简洁而典雅。在鸟巢顶部的网架结构外表面上还贴有一层半透明的膜。这种膜将直射到上面的光线进行漫反射，使光线更加柔和，同时还可以起到为座席遮风挡雨的功能。

值得一说的还有主火炬塔。点燃和传递奥运会圣火是奥运会的传统仪式，奥运会圣火象征着光明、正义、和平、友谊和团结。经过历届奥运会的发展，奥运会的点火仪式、主火炬台、点火人等渐渐成为最后揭晓的最高机密。其中，主火炬台的造型设计又与点火方式密切相关。鸟巢的主火炬塔是在2008年北京奥运会倒计时50天时正式开始修建的，位于场地东北角上方，祥云造型，古典而飘逸。2008年8月8日，北京奥运会开幕式结尾时，中国男子射击运动员、奥运会历史上首位中国冠军得主许海峰手持火炬进场，接着火炬经火炬手高敏、李小双、占旭刚、张军、陈中、孙晋芳的依次传递，最

▲夜幕下的鸟巢。

后一棒到达火炬手“中国体操王子”李宁手中。李宁凌空绕场一周，在2008年8月9日零点整点燃了主火炬塔。

鸟巢的设计简洁、新颖、科学，同时也符合可持续发展的理念。它在最初设计时就考虑到，不仅要满足奥运会的使用功能，还可以在以后的生活中发挥作用。因此，为了做到永久设施和临时设施的平衡，鸟巢将10万个座席设计成了8万个永久性，2万个临时增加的方式。鸟巢除了作为奥运体育场之外，在日后还能够成为集体育竞赛、会议展览和文化娱乐为一体的公共活动中心。例如，在鸟巢的四层，还建造了100多个豪华舒适的包厢，包厢中具有清晰良好的观看视野，奥运会期间，人们可以在其中观看比赛。由于包厢内有细致周到的配套服务，所以在奥运会之后，还能够作为社会企业和各界名流交际、公关、答谢客户的社交平台。

如今，鸟巢不仅是具有地标性的体育建筑和奥运遗产，还能够在很多方面方便和丰富人们的生活，相信在以后不断的建设和完善中能够发挥更大的价值。

第十四节　国家游泳中心——奥运史上的经典建筑

国家游泳中心又称为“水立方”，与鸟巢一样，是为2008年北京奥运会而建设的，是奥运会的主游泳馆，承担游泳、跳水、花样游泳等比赛。它也坐落在北京奥林匹克公园内，与鸟巢分列于北京城市中轴线北端的两侧，与鸟巢一起成为北京奥运会的标志性建筑物。现也成为北京的新地标。

从外面整体看，水立方就像一个方盒子，而鸟巢是圆形，两者相得益彰。中国人认为，没有规矩不成方圆，只有按照规矩来做事，才能达到和谐统一。除此之外，方形也是中国古代城市建筑最基本的形态，古代城市一般是按中轴线对称建设的方城，典型的北京民居四合院也是方形的。它蕴含着重视伦理纲常的中国文化，可以说是传统文化与建筑功能的完美结合。

水立方的外形就像它的名字一般，像是由一个一个的水分子构成的。水是人类生存不可缺少的重要元素，在中国传统文化里，它是“金、木、水、火、土”五行之一，而且水能激起人们的欢乐情绪，基于这一认识，水立方的设计者就充分运用有关水的元素，利用其独特的微观结构，设计了水立方的外部造型。他们在“方盒子”外包裹上了一层酷似水分子结构形状的

▲国家游泳中心。

外皮，而且表面又覆盖了一层ETFE膜，这层薄膜使得那些“水分子”更加晶莹、柔和，像一个个水泡，完美体现了水的神韵。

水立方的这一膜结构覆盖面积达10万平方米，堪称世界之最。它是根据细胞的排列形式和肥皂泡的天然结构设计而成的，创意奇特。这层ETFE膜不仅使建筑外形具有特色，引人注目，而且具有巨大的实际作用。ETFE膜是一种轻质新型材料，因为是透明的，具有透光性，所以自然光线能够透过薄膜照射到场馆中来。另外，这层ETFE膜还具有热学性能，可以调节室内的温度，冬季保温、夏季散热。更为神奇的是，这种膜材料具有自洁和自我修复的功能。膜的表面不易沾染尘土，即使沾上灰尘，一次自然降水之后，也能够清洁如新。膜如果被破坏了，不用更换，只要打上一块补丁，过一段时间就能够自行愈合，恢复原貌。除此之外，这层膜还具有抗压性，正常情况下，在上面放置一辆汽车也不会将它压坏。现在这种膜结构已经是21世纪最具代表性的一种建筑形式，是大跨度空间建筑的主要形式之一。

水立方外面是充气薄膜，看上去好像太过于柔软而弱不禁风，但其实它是外柔内刚。在水立方的内部，支撑这些薄膜的是坚固的钢铁结构，墙壁和天花板是由网状的钢管组成，室内建筑也都是钢筋混凝土结构，因此水立方可以抵抗8级地震，十分牢固。

水立方内部是一个多层楼建筑，包括奥林匹克比赛大厅、水立方热身池、多功能大厅、嬉水乐园、水滴剧场等厅室。

奥林匹克比赛大厅是水立方的核心区域，整个大厅面积有8000多平方米，内部建有一个游泳池和一个跳水池。游泳池长50米，宽25米，深3米；跳水池长30米，宽25米，深5米左右。游泳池和跳水池两面是对称排列的大看台。看台上拥有5000余个标准坐席。馆内建筑主要色调为蓝、白两色，与碧蓝的水池形成呼应。另外，水立方中还有热身池，分为深水区和浅水区，池水都经过消毒，且长年保持在26℃左右，人在其中十分舒适。

在水立方的西部综合性功能区中有一个2400平方米的多功能大厅，可容纳约1000人。这里有3块标准室内网球场，可供比赛使用。另外，开阔的场地在赛后还可以用于展陈设计，进行文化艺术交流等活动。

嬉水乐园和水滴剧场是水立方中的娱乐场地。嬉水乐园拥有多项首次亮相于世界的水上游乐设施，是目前中国最大、世界最先进的室内嬉水乐园之一。水滴剧场中拥有尖端激光数字放映设备，可以播放激光高清影片和3D影片等。剧场面积约200平方米，可容纳150人，可以用于会议、发布会等商业文化活动。

水立方的建设也遵循和体现了北京奥运会的“绿色奥运、科技奥运、人文奥运”三大理念。水立方中大幅使用新型材料，使空调和照明负荷降低。

另外，利用太阳能电池提供电力，循环使用从屋顶收集的水分等，都做到了节省而环保。另外，考虑到运动员和观众的需求，水立方在室内温度和跳水池、游泳池以及热身池等水温的控制上，都做了精心的研究和设置，让运动员和观众尽量感到舒适。这些细节都充分体现了水立方的绿色、科技和人文关怀。

第十五节　国际贸易中心第三期——超越自我，再创经典

国际贸易中心第三期简称国贸三期，位于北京商务中心区的核心区，高330米，建成时是北京最高的建筑。

国贸中心第三期与以国贸大厦、中国大饭店、国贸饭店为代表的第一期和以两座国贸大厦为代表的第二期组合起来，成为一个建筑群。建筑群占地面积达17公顷，总建筑面积达110万平方米。它遵循国际标准，引进国际流行的“世贸中心”模式，集办公、会议、酒店、宴会、购物、展览、娱乐为一体，开创了国内综合性高档服务业的先河，成为一座“城中之城”。它不仅是首都具有代表性的工程，也是全球最大的国际贸易中心之一。

国贸中心第三期由中建一局发展建设公司承建，东起东三环路，西至机械局综合楼，南起国贸大厦2座，北至光华路，总建筑面积达54万平方米。建筑包括国贸大酒店、高档写字楼、国际精品商场、电影院，还有一个2300多平方米的可同时容纳1600人的大宴会厅。

国贸三期主楼为筒中筒结构，外部为型钢混凝土框架的筒体，内部也为型钢混凝土支撑核心筒体。这种结构十分牢固，抗震等级达8级。大楼为超高层建筑，地上为74层，地下4层。1—2层是商务办公大堂和酒店大堂，气势宏大、宽敞明亮，装修设计富有创新理念，庄严、典雅，使人心旷神怡。54层以下为写字楼，这个办公区也可以分为高、低两个区域，6—27层为低区，30—53层为高区。办公区内的空调都是采用世界最先进的变风量空调系统，办公条件十分舒适。56—68层为豪华酒店，有270多套宽大明亮、装修豪华的客房。71层是酒店的空中大堂，由商务中心、会客厅、会议厅和酒吧组成，提供全面而周到的服务。72层和73层则为餐饮和观景区。

与高层建筑相连的附属建筑是裙房，通常用作商场、停车场和休息娱乐场所等。国贸三期的裙房分为宴会附楼和商业附楼。宴会附楼位于主楼北

▼国贸的地标性建筑。

侧，商业附楼位于主楼东侧。宴会附楼第1层和第2层与商业附楼连通，为商铺。第3层则为宴会厅，客人可以在第1层的大堂通过扶梯或电梯直接到达宴会厅前室。宴会厅采用无柱设计，有2300多平方米，可容纳2000人。商业附楼中主要是商场，除地下4层包含停车场外，地上5层都是商场。商场中有近百家专卖店和服务场所，包括国际精品、服装、礼品、餐饮和娱乐健身等。商业附楼配用的是玻璃幕墙，这不仅使光线可以透过玻璃照进来，还能在视觉上增加商场内的空间。

国贸三期主楼高330米，是超高建筑。对于超高层建筑，人们往往对其安

全性有担忧。因此，国贸三期设计了4到5个封闭式的避难层。火灾等灾害发生时，人们可以在避难层内躲避，等待救援。避难层设计成封闭式的，避免了烟雾进入，内部还装备有供气设备，保证了避难层内人群的正常呼吸。除此之外，该楼在顶楼还建造了一个直升机停降平台，安全防备十分完善。除此之外，超高层建筑还会有因高度而影响室内温度的问题。因此，国贸三期大楼格外注意楼内的舒适度，每层办公区设有64套变风量装置，使得室温可任意调节。同时，空调设备及系统末端还设有消音装置。

国贸三期，不管在建筑上还是服务上都是一流的，它占据着北京商业最为核心的地带，以此为轴心，办公商厦、酒店会所云集，形成了浓厚的商业氛围。在它的带领下，一片繁荣气象蔚然大观。

第十六节　国家大剧院——一滴晶莹的水珠

中国国家大剧院位于北京市中心天安门广场和人民大会堂西侧，总面积约16.5万平方米，是中国重要的艺术殿堂。

国家大剧院是由法国建筑师保罗·安德鲁领导的巴黎机场公司与清华大学合作设计的。主要设计者保罗·安德鲁曾说："我想打破中国的传统，当你要去剧院，你就是想进入一块梦想之地。"大剧院的主体是一个简约的半椭圆形建筑，安德鲁曾这样形容他的作品："巨大的半球仿佛一颗生命的种子，一个简单的'鸡蛋壳'里面孕育着生命。这就是我的设计灵魂——外壳、生命和开放。"他认为中国国家大剧院要表达的，就是像种子一样的内在活力，是在外部宁静笼罩下的内部生机。

▲国家大剧院夜景。一池清澈见底的湖水，以及外围大面积的绿地、树木和花卉，不仅极大改善了周围地区的生态环境，更体现了人与人、人与艺术、人与自然和谐共融、相得益彰的理念。

在讨论这一设计方案时，当时的朱镕基总理还亲自接见了安德鲁。安德鲁因为出发得比较匆忙，慌乱中竟然穿了两只不同的鞋子。在谈话过程中，朱总理突然将眼睛往地上看。窘迫的安德鲁本以为朱总理是看到了自己穿错的鞋子，结果，朱总理对他说："我们接受你的设计，会承担非常巨大的压力。我们给你的这块土地，是中国最珍贵的黄金之地。全中国人民都会来品评你的作品。有51%的人赞同你的作品，你就成功了。"现在看来，这个建筑无疑是非常成功的。

建成后的国家大剧院，犹如一个巨大的鸡蛋外壳，半椭圆形的钢结构壳体，虽然看似缺少变化，却给人一种简约大气的感觉。建筑表面是由18000多块钛金属板和1200多块超白透明玻璃共同组成的。这些钛金属板都富于变化，18000多块中只有4块形状完全一样。而且，这些钛金属板都经过特殊氧化处理，表面金属光泽极具质感，15年不变色。钛金属板与超白透明玻璃拼接在一起，就像是舞台帷幕被徐徐拉开。夜晚时，外边的黑暗与里面灯光照耀下的“金碧辉煌”形成鲜明对比，使得国家大剧院别有一番风采。在外壳上，错落有致地点缀着一些小小的“蘑菇灯”，在光滑的外壳上面发着光，犹如夜晚天上的点点繁星。它们使得大剧院充满一种宁静、朦胧的韵味与美感。在大剧院外围，环绕着一个3万多平方米的人工湖，远远望去，大剧院就像建造在湖水上一般。清澈的湖水犹如一面镜子，倒映着大剧院，波光与倒影交相辉映，使得国家大剧院更加巨大而晶莹。

国家大剧院内部主要由歌剧院、音乐厅和戏剧场等主要厅室组成。

歌剧院是国家大剧院内最宏伟的建筑，主要上演歌剧、舞剧、芭蕾舞及大型文艺演出。歌剧院内的装饰以金色为主色调，十分华丽辉煌。舞台为“品”字形形式，包括主舞台、左右侧台和后舞台。舞台建造得炫丽而强大，具备推、拉、升、降、转五大功能，可迅速地切换布景。在后舞台下方距地面15米处，储存有一个芭蕾舞台台板，它是国内面积最大的无缝隙专用芭蕾舞台板，同时也是国内唯一的可倾斜式芭蕾舞台板。这块台板使用俄勒冈木制成，有三层结构，弹性十足，能最大限度地保护芭蕾舞演员的足尖。观众看台有池座一层和楼座三层，共有2000多个座位。歌剧院的墙面设计十分独特，可以说分为两层，前面有一层弧形的金属网，后面一层是多边形的实墙。演奏音乐时，声音可以透过金属网，到达多边形的墙面，这使得声音的混响达到极佳的效果。

音乐厅主要用于演出大型交响乐、民族乐和其他形式的音乐，内部装饰风格洁白、肃穆，给人以宁静和高雅之感。音乐厅中间是舞台，四周围绕着观众席。观众席设有池座一层和楼座二层。舞台处于中心区域，观众席围绕四周，这种结

构使得舞台上发出的声音能更好地扩散和传播。音乐厅的天花板很有特色，白色浮雕的形状极不规则，像是起伏的沙丘，又像是海浪冲刷过的海滩，可以说是一件抽象的现代艺术作品。这一天花板的设计，虽然看似是随意的，但实际上是经过了特别的声学设计，这些凹槽和纹路能够使声音反射和扩散，听起来更加均匀、柔和。不仅仅是天花板，音乐厅舞台四周的墙面也能起到声音扩散的效果。墙面凹凸起伏、不规则排列，能够反射和扩散来自演奏台的声音。

音乐厅中值得一提的还有管风琴，这架管风琴是目前国内体积最大、栓数最多、音管最多、音色最丰富的一架。它是出自德国管风琴制造世家——约翰尼斯·克莱斯之手，造型典雅、音色饱满，能满足各种不同流派作品演出的需要，是音乐厅的“镇厅之宝”。

除了歌剧院、音乐厅之外，戏剧场也是国家大剧院中的一个主要剧场。在戏剧场内主要上演话剧、京剧、地方戏曲等。戏剧场以中国红为主色调，是馆内最具有民族特色的剧场。戏剧场中的舞台是可变的，有两种样式，正常情况下，舞台看上去就像一个镜框，被称为“镜框式”的舞台样式。在某些节目需要时，观众厅前部分台板可以升起，作为舞台的一部分，以便于观众近距离观看，这时舞台样式便称为“伸出式”。观众座席围绕舞台，与歌剧院相同，也设有池座一层和楼座三层。戏剧场的墙面与音乐厅的墙面设计相同，也具有声音扩散的作用。而且，墙面上包裹着丝绸，形成了以红色为主，红、黄、紫三色相间排列的图案，给人一种传统而亲切的氛围。

国家大剧院中除了这三大专业剧场之外，还有公共大厅、花瓣厅等公共空间，也都经过了精心的设计，为大剧院增添了无限魅力。

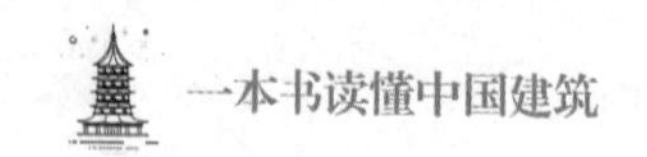

第十七节　中央电视台总部大楼——“世界十大建筑奇迹”之一

在北京市朝阳区东三环中路的北京商务中心区，坐落着中央电视台总部大楼，它的建筑外形十分前卫，建造难度可见一斑，曾被美国《时代》杂志评为2007年“世界十大建筑奇迹”之一。另外，在美国《私家地理》杂志发起的“2012年最受读者青睐的全球新地标”评选活动中，北京央视总部大楼也被读者列入“全球顶级摩天大楼”前五强。

央视总部大楼之所以被人们喜爱、称赞和推崇是因为其新奇、大胆而成功的设计。它是由荷兰建筑师雷姆·库哈斯带领大都会建筑事务所设计的。当大楼的设计方案被公布时，因为建筑技术难度太大，人们都不敢相信。两座竖立的塔楼是倾斜的，之间有一个横向结构相连接，形成一个闭合的环，就像一个被扭曲的正方形。高层建筑在设计方面，最难处理的就是倾斜、悬挑和扭转，央视大楼就占据了其中的两项。而且，大楼的两座塔楼倾角很大，中间悬挑的方向和倾斜的方向也是一致的，整座大楼看起来摇摇欲坠。再加上北京位于地震带上，大楼在设计时还要考虑防震，因此央视大楼的建造难度是十分巨大的。无论人们觉得有多么不可思议，不敢相信这么奇特的设计，最后大楼还是成功建成了。

大楼于2004年开工建设，原定2009年启用，但是在2009年2月时，央视新大楼所在的园区文化中心发生特大火灾事故。大火持续六小时，导致一名消防队员牺牲和数名消防人员与施工人员受伤。遭到大火损坏后的大楼于2009年10月开始进行修复，并于第二年修复完成，与中央电视台进行了交接。整座大楼占地近20万平方米，总建筑面积约55万平方米，最高建筑有234米，地下4层，地上52层。主要包括主楼（CCTV）、电视文化中心（TVCC）、服

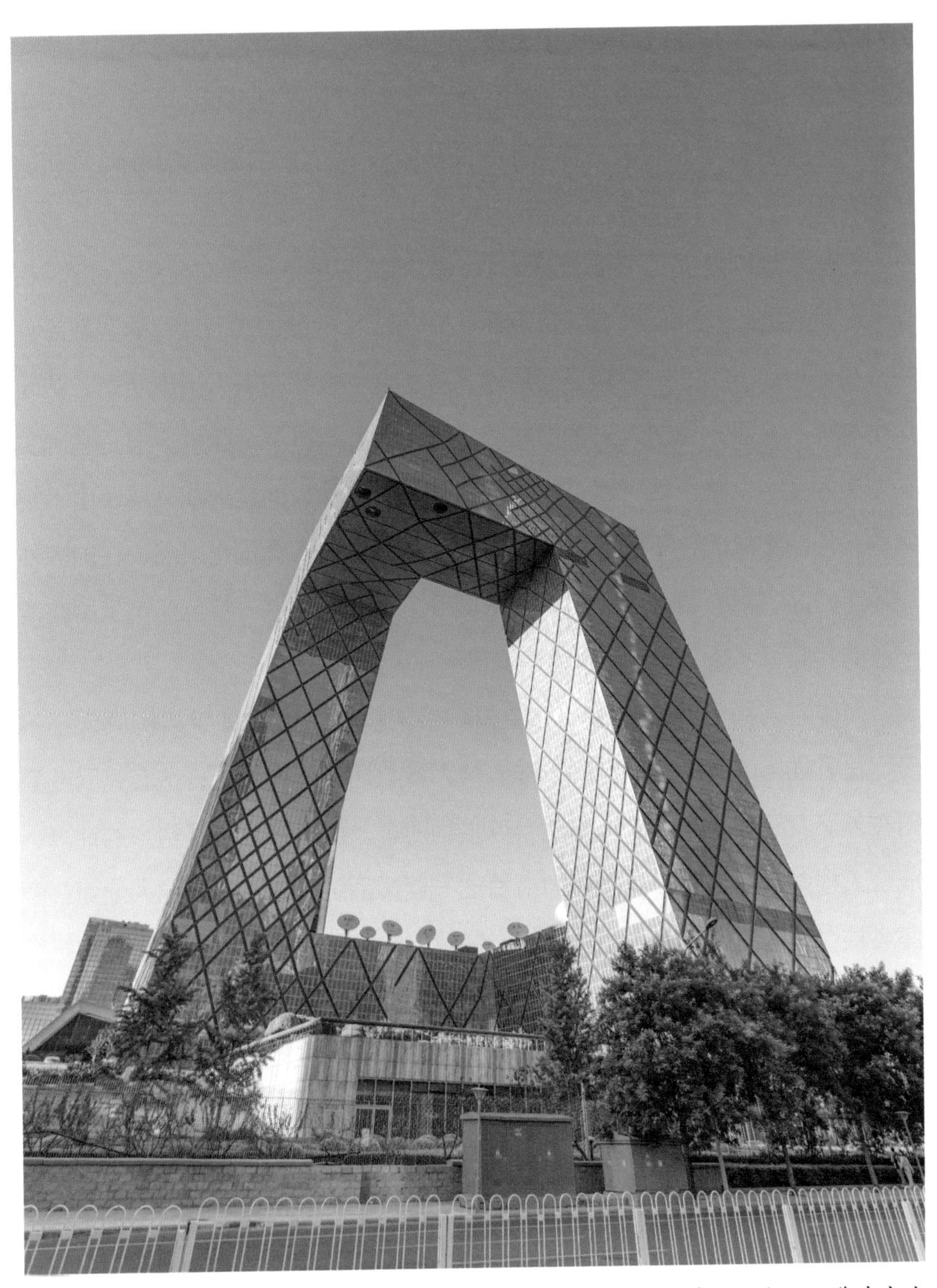

▲中央电视台总部大楼。大楼表面是以不规则几何图案的玻璃幕墙组成，视觉冲击力巨大。玻璃幕墙不仅有自重轻和施工便利的优点，其反光性能更能使建筑与周围风景有机地结合在一起。

务楼及媒体公园。建成后的央视大楼可以使中央电视台具备200个节目频道的播出能力。除此之外，央视大楼中主体内还有一个五星级酒店，四、五层中是酒店大堂及餐厅、商店、游泳池等公共活动场所，主楼的顶部则是酒店的风味餐厅。

央视大楼的外部造型很新颖奇特，主楼的两座塔楼双向内倾斜6度，在163米以上由一个横向结构连接，横向结构呈“L”形，这一独特的造型为央视大楼赢得了一个“大裤衩”的俗称。对于这个称呼，有人提出质疑，认为这个称呼不文雅，也有人表示很贴切，虽然大家意见并不相同，但是它确实在一定程度上反映了这一建筑的外形特点。建筑外表面是玻璃幕墙，由不规则的几何图案组成，不仅造型新颖、独特，而且技术含量也很高，在国内外均属于“高、难、精、尖”的特大型项目。央视大楼这一特色建筑坐落在清一色的高低写字楼中间，为当地建筑增色不少。

大楼的结构由许多不规则的金属脚手架构成。这些脚手架构成大小不一、没有规律的菱形，像渔网一样。与大多数建筑不同的是，这套钢网就暴露在外面。而那些菱形网格虽然看似结构随意，但是却经过了精密的计算，成为大楼调节受力的工具。压力沿着这一菱形系统传递下去，导入地面。两座塔楼中间的连接部分也经过了相当细致的研究和设计，北京市政府曾组织了13位结构专家，成立了一个特别小组，进行专门研究。不仅如此，专家组还特意做了一个三层楼高的复制品来进行实际的测算和检验。他们借鉴了桥梁建筑技术，这个横向结构的某些部分有11层楼高，有一段伸出75米的、没有任何支撑的悬臂，设计得十分大胆。

这样一个高技术难度的建筑，它的安全性是十分值得关注的。大楼的倾斜式设计，先天性倾覆力巨大，抗冲击破坏力差。而且对于高层建筑来说，抗震性和抗风性十分关键。建筑的抗震性能的好坏，取决于建筑本身的延性。延性高的能够在地震时的往复位移中快速地消耗地震的能量，抗震性能

强。根据这一原理，央视大楼的柱子由混凝土和钢两种材料组成，有很好的延性，可以发生很大的变形，但又不至于损坏。由于央视新大楼的塔楼是倾斜的，有些柱子一直受到拉力，为了使它们坚固可靠，禁得住地震和强风，这些柱子都用高强度的锚栓牢牢地固定在底板里，这些锚栓的受拉承载力达每平方厘米1万千克，这种做法在房屋建筑中是很少用到的。

在北京的现代新建筑中，中央电视台总部大楼可以说是最能显示勃勃雄心的一座，它在视觉上给人以强烈的冲击，在技术上也达到了前所未有的高度。这座大楼的建筑师之一奥雷·舍人曾说："这种结构在世界其他地方获准建造的可能性很小，而中国很愿意尝试。"曾担任央视大楼设计竞赛评委的香港建筑师严迅奇说："这一设计代表着某种精神，是中国在新时期展现出来的敢于尝试、无所畏惧和一种高度自信。"建成后的央视大楼成为中央电视台的象征，同时它也是仅次于美国五角大楼的世界第二大办公楼。

第十八节　世界之窗——微缩景观园

世界之窗是一个主题公园，位于深圳市华侨城内的深圳湾畔，占地48万平方米，将世界各地的130多个著名景观以微缩的形式在这里模仿建造。除了模仿著名建筑之外，还涉及历史遗迹、世界奇观、雕塑、绘画等，是一个以弘扬世界文化为宗旨的人造主题公园。公园中的每个景点都是按照原建筑以一定的比例仿建的，建造得惟妙惟肖、精巧别致。全园按照地理位置和主题可以分为世界广场、亚洲区、大洋洲区、欧洲区、非洲区、美洲区、世界雕塑园和国际街八大主题区域。

◀世界之窗。人造微型景观，集世界奇观、自然风光、民俗风情、民间歌舞于一园，再现了一个美妙的世界。

世界广场是整个公园的活动中心，大广场可容纳万余人。广场正面有10尊世界著名的雕塑，四周围绕着108根廊柱，是不同风格的、意蕴深远的石柱。广场上还有一座近1600平方米的象征着世界文明的浮雕墙。除此之外，广场上还有6座象征着古老文明发祥地的巨门，和1座华丽而磅礴的全景式环球舞台，在这里上演着世界各地艺术家的精彩表演。

亚洲是七大洲中面积最大、人口最多的一个洲，是美丽而神秘的地方。在亚洲区，有印度、缅甸、柬埔寨和日本等国家的著名景观。泰姬·玛哈尔陵是印度知名度最高的古迹之一，伊斯兰教建筑中的代表作。它是莫卧儿王朝第5代皇帝沙·贾汗为了纪念他已故皇后阿姬曼·芭奴而建造的，阿姬曼·芭奴即泰姬·玛哈尔，建筑也由此得名。

关于泰姬陵有一个凄美感人的故事。阿姬曼·芭奴是一个美丽聪慧的波斯女子，与皇帝沙·贾汗十分恩爱，但是红颜薄

◀泰姬陵，被评选为“世界新七大奇迹”之一，是一座白色大理石建成的巨大陵墓。

命，阿姬曼·芭奴很早就去世了，相传阿姬曼·芭奴的离开使得沙·贾汗一夜白头。他为了纪念妻子，运用王室特权，动用两万多名工匠，历时22年，建成泰姬陵。相传他本想再为自己建造一座一模一样的黑色陵墓，但是后来因为政治变故，他被囚禁在离泰姬陵不远的阿格拉堡的八角宫内，每天只能透过小窗，遥望远处河里泰姬陵的倒影。后来，沙·贾汗的视力恶化，但他仍借着一颗宝石的折射，来观看泰姬陵，由此可见两人伟大而永恒的爱。

建筑方面，这座陵墓堪称完美，殿堂、钟楼、尖塔、水池等全部用纯白色大理石建造而成，其中镶嵌有玻璃和玛瑙，整个建筑透露出一种纯洁高贵的气质，有“印度的珍珠”之称。亚洲区除了泰姬陵之外，还有奢华的日本的皇室建筑桂离宫、金碧辉煌的缅甸仰光大金塔，还有柬埔寨的宏伟的宗教建筑吴哥窟等。

▶柬埔寨吴哥窟祭神庙是世界上最大的宗教建筑，这座最大的庙宇建筑群是由高棉国王苏里亚瓦曼二世于12世纪建造的。吴哥窟最初是献给毗瑟奴勋爵的，后来变成了佛教综合体。

欧洲是世界上经济最发达的大洲，建筑也具有自己的特色。世界之窗的欧洲区中有很多欧洲文艺复兴时期的遗迹。较为有名的为法国巴黎的埃菲尔铁塔。埃菲尔铁塔是为纪念法国大革命100周年而建造的，由居斯塔夫·埃菲尔设计，铁塔也以他本人命名。法国埃菲尔铁塔位于巴黎市中心的塞纳河畔，约325米高，有四个用水泥浇灌的塔墩，形成东、南、西、北四个拱门。塔身则全部是钢铁镂空结构，1万多个金属部件用几百万个铆钉连接起来，结构上由下向上收缩，仿佛直深入苍穹之中。全塔可以分为三层，每一层都有瞭望台，人们可以站在上面，欣赏巴黎的迷人景色。另外，法国巴黎凯旋门、位于梵蒂冈的全世界第一大教堂圣彼得大教堂、俄罗斯的红场等，也都能在世界之窗中一睹它们的风采。

在非洲区的景观设计中，必不可少的是古埃及的金字塔。金字塔相传是古埃及法老的陵墓，因下面是正方形，四面是相等的三角形，呈方锥体，像汉字中的“金”字，所以称为“金字塔”。金字塔规模巨大、建筑技巧高超，塔身是由一块一块的石头相叠而成的，但是其中并没有水泥等物品来进行粘着，每块石头都打磨得很平，就算是锋利的刀刃，也很难插进石缝中，这在那个技术相对落后的古代，不能不说是一个建筑奇迹。埃及金字塔为“世界八大奇迹”之一，世界之窗将它“搬”到中国，让人们不出国门就能领略它的神奇。

美洲区和大洋洲区也都包含了众多特色景观。美洲区中有尼亚加拉大瀑布、美国国会大厦、白宫、华盛顿纪念碑等，大洋洲区则有著名的悉尼歌剧院以及表现新西兰毛利人生活的景观。

世界雕塑园中有郁郁葱葱的荔枝林和罗丹的《上帝之手》、米开朗基罗的《被缚的奴隶》以及神秘的三星堆铜人，这近百尊著名的雕塑作品的原型来自五大洲，展示着不同民族的智慧和审美情趣。国际街集教堂、集市、街道于一体，是供游人小憩和购物的地方。它以欧、亚和伊斯兰等民居建筑风格为主体，充满古老的异域情调。

第十九节　上海世博会中国馆——“中国味”十足

世界博览会是一项历时悠久而且有着较大影响力的国际性博览活动，它向世界各国展示着当代的文化、科技和产业上的积极成果。2010年第41届世界博览会在中国上海举行。上海世博会中国国家馆，就是为此而建造的。

上海世博会中国国家馆是以在城市发展中表现出的中华智慧为主题，它以“寻觅”为主线，“东方足迹”“寻觅之旅”“低碳行动”三个展区，寓意着人们在“寻觅”中感悟城市发展中的中华智慧。中国馆于2007年12月开工建设，2010年2月竣工，总设计师为中国工程院院士、华南理工大学教授何镜堂先生。国家馆的建筑面积约16万平方米，展馆从当代切入，既向前回顾了30年来中国的城市化进程，又向后展望了立足于中华价值观和发展观的未来城市发展之路。

上海世博会中国馆分为国家馆和地区馆两部分，国家馆的主体像一个高耸的华冠，造型雄浑，象征着天下粮仓。地区馆的平台基座汇聚人流，寓意着福泽四方、富庶百姓。因此，整个场馆所要表现的中国文化精神与气质即是“东方之冠，鼎盛中华，天下粮仓，富庶百姓”。

场馆的外形“东方之冠”具有鲜明特色。造型像中国传统的“斗冠”，“斗冠”其实就是中国古代的斗拱，世界上有三大建筑体系，这种斗拱建筑形式只在中国古代建筑中得到了运用。“斗冠”下面是四组巨柱，像古代的鼎器一般，充满一种力量和权威。巨柱将“斗冠”高高托起，整体造型下面沉稳，上面灵动，既传达出一种力量，又摆脱了压抑感，整个中国馆壮观、大气，极富中国气派。另外，这一外形看上去又像是一个高高举起的巨大酒杯，盛情欢迎着来自五湖四海的朋友。斗冠由56根木头组成，象征着56个民

▲世博会中国馆，以城市发展中的中华智慧为主题，传统与现代结合，表现出“东方之冠，鼎盛中华，天下粮仓，富庶百姓”的精神，充分表达了中国文化理念。

族，下小上大，层层叠加，看似零碎的部件，秩序井然地组合在一起，象征着中国人民的团结意识。

中国馆的造型具有标志性和地域性特征，颜色运用亦是如此。中国馆的颜色是“中国红”，红色是中国自古以来运用最多，极受人们喜爱的颜色，它经典、大气，是一种代表喜悦和鼓舞的颜色，最能代表中国的特色。但是红色波长强、刺眼而跳跃，运用不当就不会产生好的视觉效果。为了在现代建筑中用好“中国红”，设计者专门请来中国美术学院研究所的专家，反复试验和对比，最后采取了类似故宫中对红色运用的方法，从上到下，由深到浅四种红色渐变。整个建筑呈现出一种层次感，既传统又时尚，表现出喜庆、吉祥的情感，展示着热情、奋进的民族品格。

如果从高处向下俯瞰中国馆的设计，顶部经纬线分明的网格架构也十分具有中国特色。这一设计灵感来

自中国古代传统的“九宫格”结构，类似于中国古代棋盘式的布局。地区馆的设计也极富中国气韵。最外侧的环廊上，用叠篆文字印出中国传统朝代名称，用中国独特的文字符号表现了中国古老的历史文化。

中国馆的馆内设计极富有时代内涵。东方足迹展厅重点展示了中国城市发展理念中的智慧。多媒体综合展项播放着讲述改革开放30多年来的城市化经验的影片，影片中也表现出人们对未来的美好期望。49米上层展区是国家馆中最高也是最核心的展区，在它北面100多米长的整面墙上是被放大了数百倍的宋代名画《清明上河图》。

寻觅之旅展厅的特色是采用了轨道游览车。人们在轨道游览车中进行参观，在较短的时间内领略中国城市营建规划的智慧，是一次充满动感的参观体验。低碳行动展区是向人们展示以低碳为核心元素的中国未来的城市发展。33米的下层展厅，名为“绽放的城市”，约有3400平方米，环境以白色基调为主，风格简洁而高雅。其中有一些观众可以参与的互动项目，一起畅享未来的城市生活。低碳展区的结尾部分是一个由荷花和水帘组成的“感悟之泉”景观，水帘上显示着“天人合一”“师法自然”“和而不同”等成语，这是古人留给后代的大智慧。

中国馆里水元素贯穿始终，联系了各个展层和展项。水的形态各不相同，既有真水，还有模拟水，甚至有装置性的抽象“水”等。水一直是全球性的话题，是城市发展中不可忽视的要素。孔子曾说“智者乐水，仁者乐山”，水也是中国传统文化中的重要元素。中国国家馆将“水”元素贯穿始终，既表现出传统特色，又展现出水在城市和谐发展中的重要作用。

上海世博会中国场馆，建筑具有鲜明特色，馆内设置也科学、新颖。第41届上海世博会结束之后，国家馆将作为世博会永久性的专题博物馆保留，地区馆则将作为举办各类展览和活动的场所。

第十一章 台湾、香港、澳门的不同建筑风格

台湾、香港、澳门的建筑以各自的不同历史为背景，呈现出不一样的特点。因为1949年国民党战败后移居台湾，同时大陆的很多技术人才也都迁到此地，所以当时的建筑很多都受到中国传统文化的影响，有浓郁的中华民族古建筑色彩。香港因为近代受到英国的殖民统治，在建筑方面也受到了西方的影响，加上本身地少人多，所以城市内以高层和超高层为主要的建筑形态。澳门因为长期受到葡萄牙的殖民统治，所以很多建筑也保留了欧洲传统风格，从澳门圣保罗教堂遗址就可以看出欧洲建筑的形态。

第一节　台湾建筑60年变化

台湾，位于中国东南沿海，北面是东海，南面是南海，西面是台湾海峡，东面是太平洋。海岛型的地理环境影响着台湾的方方面面，也包括建筑。因此，台湾的建筑呈现出与中国其他省市不同的特点。

除了地理环境之外，社会环境以及历史发展状况也是影响台湾建筑发展的重要因素。台湾早期住民中，大部分是从中国大陆移居过去的，这些人是台湾高山族和其他一些少数民族的祖先。后来，台湾居民则以少量高山族等少数民族和大量从福建、广东迁往的汉族居民构成。因此，台湾的社会经济结构等各方面都与大陆并无太大差异，文化上属于闽南文化的分支。在建筑方面，台湾还有类似于清代建筑的民居、寺庙、衙署等。历史上，中国台湾曾被荷兰、西班牙和日本帝国主义占领过，这对台湾的建筑发展产生了不可避免的影响。日本占领者为了进行政治压迫和经济掠夺，建造了很多铁路、银行、矿山、学校、医院等，对台湾的建筑产生了一定的影响。

国民党政权败退台湾后，他们带来了大量的物资和人才，包括建筑方面的工程技术人员。因此，在20世纪50年代之后的建设中，很多建筑都具有传统的中华民族风格，表现出这一批建筑家对家乡的怀念之情。从这一时期开始，台湾60多年来的建筑发展大致可以分为三个阶段。

20世纪50年代和60年代前期，这一阶段是战后初期，经济相对落后，随着大陆人员的大量涌入，台湾只能快速地建设许多简易的建筑，这些建筑大都比较低矮，主要沿袭日本的特色。后来随着经济的恢复和发展，就业需求增加，大量人口从乡村涌入城市，代表都市生活的公寓式住宅代替了传统民居，这些公寓式住宅多为30—50平方米，使用公共垂直交通空间，有上下水和浴厕，是一种“集合住宅”。除此之外，学校、医院、办公楼等建筑也在这一时期也都有较多发展。这一时期虽然有很多建筑延续了大陆城市建筑的设计思路，具有古典主义特色，但是由于地理和文化特点，台湾容易受到外国的影响，因此都市国际风尚也成为台湾岛上的时尚，呈现出与大陆不同，也与以往不同的发展趋势。

20世纪60年代中期到20世纪70年代中后期，是台湾建筑发展的第二阶段。这一阶段台湾因进行了一些经济改革而出现了经济繁荣的局面，建筑也随之而快速发展。70年代时，政府推行了十大建设项目，促进了建筑业的发展。电视台、报社等公共建筑被兴建，商业化办公楼也被大量建造。除了实际的建筑建设之外，这一时期还针对台湾多台风、多地震以及航空限高等多种要求而修改了建筑法，增修了建筑技术规则。另外，对大城市各类建筑的高度也做了规定。这使得城市商业街区出现了一律12层、高35米的单调与封闭的景象。

20世纪70年代后期到20世纪90年代末，是台湾建筑的第三个阶段。是在第二阶段基础上的再拓展。20世纪80年代，中国台湾很多在美国、日本等地学习的留学生，他们学成归国，把从国外学到的先进现代建筑技术与当地的建筑风格相融合，这种设计风格成为当时台湾建筑界的主流。这一时期针对日趋严重的环保、生态和城市特色等问题也制定了一系列相关法律法规。各类建筑都有所发展。住宅建筑可分为两方面——都市因价格昂贵而多建高层住宅，郊区则集中建立独院式住宅。随着企业集团财富的积累，加上对商业形象的需求，高大完善的公司总部大楼被大量建造，成为城市的新标志。这一时期，在公共建筑方面，学校尤其是高等学校，大量兴办，中小学的建设及环境改造也不断进行。

第二节　台北圆山大饭店——古香古色的中式建筑

台北圆山大饭店位于台北市中山北路，是一家历史悠久的传统建筑造型饭店。这座饭店由台湾著名建筑师杨卓成设计，于1971年建成，由于所处地势高、环境优美，因此成为台北的标志性建筑之一。

圆山大饭店始建于1952年，由宋美龄等政要组成的“财团法人台湾敦睦联谊会”接手经营。1963年饭店的基础设施全部建设完毕。1968年，饭店被美国《财星》杂志评为“世界十大饭店”之一。1973年，建筑师杨卓成设计新建的14层中国宫殿式大厦落成。

过去圆山饭店戒备森严，一般民众难以入住其内。20世纪90年代以后，大型的民间饭店增多，而且，圆山饭店在1995年时遭遇了一场火灾，后来进行了全面整修。为了增强竞争力，圆山饭店也开始改变经营方向，成为对民众开放的公众场所，现在也成为著名的旅游景点之一。

圆山大饭店作为一个服务性的场所，不仅有舒适的套房、专业的服务、充分的休闲娱乐设施和便捷的交通之外，建筑本身还具有鲜明的特色。

圆山大饭店具有中国式建筑的雄伟和富丽堂皇的古典气氛。它以复古的手法进行装饰，显示出一种传统的建筑风格。饭店的外观是中国宫殿式的，瓦顶是金黄色的，柱子是红色的，造型雄伟而瑰丽。圆山大饭店大致分为正楼、金龙厅、翠凤厅与麒麟厅等，后山还有客房部，它们都装饰得豪华典雅。厅室中都有画饰和浮雕，著名的如《唐人雪山图》《洞天山堂图》《清明上河图》等，均出自名家手笔。盆景奇石、大理石阶梯栏杆以及房间中的明式红木家具都极富有中国古典色彩。圆山大饭店也如许多中国古典建筑一样，有很多龙形雕刻，从门窗、梁柱到壁画、天花板，随处可见活灵活现的飞龙，显示出了一种权威和地位。圆山饭店也因此而被一些人称为“龙宫”。

圆山大饭店除了鲜明的古典特色之外，还有一种神秘感。这种神秘感来自饭店知名的地道系统。据说饭店在设计之初，就规划建有地下石道。石道分为东、西两条，通向附近的剑潭公园与北安公园，不对游客开放，这为圆山饭店增添了一抹神秘色彩。

第三节　台北世界贸易中心——多功能工商服务展厅

台北世界贸易中心简称台北世贸，位于台北市市中心的信义计划区，由沈祖海事务所设计，于1986年建成。

这一贸易中心是一个建筑群，包括展览、会议、办公、住宿等设施。有一个占地8000平方米的展览大楼，除此之外，还有展览三馆。台北世界贸易中心与毗邻的台北国际会议中心、台北君悦大饭店、台北国际贸易大楼，合称“世贸四合一建筑”。

20世纪70年代，台湾地区经济发展，为了推动台湾地区的国际贸易活动，外贸协会成立。当时外贸协会没有一个专门对外销商品进行展示的展览馆，台北第一个国际专业展——“台湾外销成衣展售会”是在圆山大饭店举行的。之后，虽然在台北松山机场成立外贸协会展览馆，但仍然存在展出规模的问题。当时，许多展览都在松山机场展览馆和信义路上的临时展馆举行。

1974年，为了解决外销展览需求问题，计划建造“台北世界贸易中

心”。1980年，“台北世界贸易中心股份有限公司”组成，推动了展馆与相关计划的进行。但是因为建设位置的问题，计划一直到1981年才完全确定。1982年展览大楼才开始真正兴建。1985年，展览大楼完工。这一展览大楼面积约27000平方米，高7层，可容纳1330个摊位。当年12月31日，台北世贸中心举行了第一个展览，宣告展览大楼的正式启用。另外，为了方便参加展览的民众和厂商使用邮政业务，世贸中心还设置了邮局。

随后国际观光旅馆、国际贸易大楼、台北国际会议中心陆续完工并启用，台北世界贸易中心走入“现代四合一建筑”的时代。随后，展览二馆和展览三馆分别于1999年、2003年建成并启用。

商品展览大楼体积庞大，这样的建筑通常给人一种笨重之感，但是大楼在设计建造时通过阶梯状体块的组合变化，在很大程度上消解了这种体积的庞大感，并且还形成了美丽壮观的天际线。展览大楼的一楼有23450平方米，分为A、B、C、D等区域，可容纳304个摊位进行展示，台北国际专业展与一些单位自办的展览等大都在这里举行。二楼面积近5000平方米，可容纳250个展示摊位，多进行中小型企业的内销展和教育展。除此之外，展览大楼中还有贸协书廊，销售与贸易和商业相关的书籍。在展售期间，2楼到6楼设置有“出口市场”，7楼则设置有“进口市场”，共有1000多个展售间。

展览二馆和展览三馆也随着庞大的展览需求而陆续启用，但是在展览三馆启用之后，展览二馆因为交通因素而成为台北市政府经营的民营展览馆。

南港展览馆是台北世界贸易中心大型专业展览馆，是为了满足大型展览需要而建设的。位于台北市南港区南港经贸园区内，占地约为6万平方米，共有地上7层、地下2层，整个展场有近3000个展览摊位。这么巨大的空间，除了作为展览场地之外，还可以作为举行体育和演艺活动的场馆。在大楼的4层和5层，还设有会议室，可容纳1600人开会。在3层设有餐厅，地下1层和2层分别是出租车站、停车场以及捷运连信道，设施相当齐全完备。

第四节　台北101大楼——“中国式”的摩天大楼

台北101大楼，位于台北市信义区，由台湾著名建筑师李祖原设计，在初期的规划阶段，原名为台北国际金融中心，现被称为“台北101大楼”。大楼共有地上101层，地下5层，其英文名字为“Taipei 101”，其中“Taipei”不仅表示台北，还有“Technology（技术）、Art（艺术）、Innovation（创新）、People（人民）、Environment（环境）、Identity（个性）”的意义。台北101大楼高508米，是台湾最高的高楼，也是集办公、生活、购物、娱乐等多项功能于一体的综合性大楼。

大楼于1999年开工建设，2003年竣工，占地面积有3万多平方米。由台湾12家银行及产业界共同出资兴建，造价共达580亿元台币。建筑主体分为塔楼和裙楼两大主要部分。塔楼是企业办公大楼，裙楼则为购物中心。地下2至4层为停车场，地下1层至地上4层则为购物中心，第5层是证券服务金融中心以及数家银行，从第6层开始到第84层，是办公大楼，第85层是商务俱乐部，第86层至第88层为观景餐厅，第89层是室内观景层，第91层是室外观景台。

值得一说的是观景台。观景台位于89层以上，即便如此，参观者可以在很快的速度内乘坐世界上最快速的电梯到达。台北101大楼中这样的电梯有2部，上行时最高速度可以到达每分钟1010米，也就是说，游客从1楼乘坐电梯，中间不停顿，仅需39秒就可以到达89楼的室内观景台。下行时最高速度达到每分钟600米，中间不停顿，由89楼下到1楼只需48秒。这两座电梯作为最快速的电梯已经列入吉尼斯世界纪录。而且它也是世界最长行程的室内电梯，在89楼的室内观景层有它的模型展示。

观景台的售票处位于101大楼的第5层，这里除了售票处之外，还有寄物

柜和纪念品商店。在89层的室内观景层，也有纪念品商店，还有语音导览柜台和信箱等。这个信箱是世界上最高的信箱，可以让参观者在这里将祝福寄出去。另外，在各个角落还放置着40倍的望远镜，方便人们更清楚地观赏远处的景物。语音导览是通过普通话、粤语、闽南语、英语、德语、日语、韩语等7种语言来对景点进行介绍。

▲台北101大厦，台湾最高的大楼。

高层建筑的安全性问题十分重要。台北101大楼位于地震带上，易发生地震。台湾所处的地理位置导致其容易受到太平洋上形成的台风的影响，因此，台北101大楼在防震和防风上做了周密的设计和应对。在建造之前，地质学家就已经对大楼建设地点附近的地质结构进行了认真的探查，研究中心还建造了模型来观看地震发生时大楼可能出现的状况。在建设时，大楼采取了多项措施，增加大楼的安全性。首先，大楼在外侧的四个方向，分别建造了2根巨柱，这8根巨柱，每根截面长3米，宽2.4米，从地下5层一直贯穿到地上90层，由钢筋混凝土建造，十分坚固。其次，为了减少由风产生的摇晃，大楼设计了锯齿状的外形，经过测试，这种外形能够降低30%～40%的摇晃程度。最后，为了应对这种摇晃，大楼还设置了“调质阻尼器”。它是位于88层到92层之间的一个巨大钢球，通过摆动可以减缓建筑物的晃动幅度。这一阻尼器重达660吨，是目前全球最大的阻尼器。

第五节　香港建筑史演变

香港地处珠江口以东，北面是广州，西面是澳门，是中国的特别行政区之一。总面积1070平方千米，分为香港岛、新界、九龙和离岛四个部分，土地稀少，人口十分密集。在我国秦朝时，香港就属于南海郡。在1840年之前一直是一个小渔村。鸦片战争后，香港沦为英国的殖民地。第二次世界大战后，香港经济和社会迅速发展，成为“亚洲四小龙”之一。1997年7月1日，中国对香港恢复行使主权。

香港不仅土地面积小，而且多山、多岛、少平地，也没有大河大川。80%以上都是山坡地，平地大约只占香港的16%，因此人们居住的环境非常有限。从近代开始，香港就进行了长期的填海工程，100多年中累计填海40余平方千米。许多建筑都是填海之后建造的。

由于土地面积有限，在城市建造中，香港只能以旧换新，拆除旧的建筑物建造新的。因此，香港建筑是变化多端的。其建筑大致分为中国传统建筑时期、欧美建筑时期及现代建筑时期三个阶段。

在1841年，香港开辟为商埠以前以及开辟为商埠的初期，是香港建筑的传统时期。这一时期，香港受地理位置的影响，建筑风格与大陆的岭南一带十分相似，以传统中式的村屋、围村、庙宇为主，当时香港多渔民，建造了大量庙宇来祈求平安。开埠初期，人口大量增加，人们为了解决居住问题，

唐楼被大量兴建，且因为开埠而混合了一些西式建筑风格。唐楼一般3层或4层高，地下一层通常为商铺，楼上用作居住，有楼梯，没有卫生间。

香港开埠之后，各方面都受到了外国的影响，建筑则进入了欧美时期。最初英国人带来了维多利亚时期及爱德华时期的建筑风格。这时已经出现了用于商业的高楼大厦，首个被认为是“摩天大厦”的是前汇丰总行大楼，建于1935年，楼高70米，共13层，属美国芝加哥学派。这种融合了西方建筑特色的建筑物在当时当地很有特色。

1950年左右，香港建筑进入现代建筑阶段。这一阶段，香港建筑随着政治经济的变化而变化，也大致可以分为三个阶段。

1950年到1970年，经济方面是加工业形成期，加工业的形成发展所带来的直接结果就是人口的大量涌入。因此，这一时期，居住困难，政府则调整政策以解决居住房屋和公共设施不足的问题。而且这一时期受朝鲜战争的影响，经济发展缓慢。在这种情况下，建筑又需要在短期内建成，因此就最先也最广泛地采用了现代主义的设计原则。房屋间距与高度的比例减小，土地利用率提高。香港建筑在这一阶段不仅完成了使多数人“居者有其屋”的任务，还完成了建筑业的准现代化。

1970年到1980年，经济方面，香港由工业向制衣、电子等资本密集型和技术密集型产业转变。这一变化表现在建筑上则是与之相配套的工业建筑被同步建设起来。在居住建筑上，这一时期也有拓展。1972年，香港政府宣布了“十年建屋计划”，计划在10年间兴建72个公共屋村，解决180万人的居住问题，改善人们的居住环境。这一时期的住宅多为布局紧凑的塔式高层住宅，有较好的卫生设施。除此之外，公共建筑和娱乐建筑也取得了众多的成就。

1985年之后是香港建筑在总体上成型与大发展时期。随着经济上第三产业的发展，写字楼和其他第三产业建筑大量被建造，且现代化的大楼都有争相攀高的趋势。居住建筑方面也出现了变化。1988年香港政府推出长远房屋策略，政府逐渐由建公屋转向提供贷款帮助居民购买私人楼宇的形式。

香港建筑虽然经历了不同历史时期的变化，但是由于土地资源有限，受到人多地少客观条件的制约，香港的建筑都很注重空间的合理利用，一般都是在有限的空间中规划出多功能的建筑，这是香港建筑不变的特点。

第六节　香港体育馆——倒转的“金字塔”

香港体育馆位于香港九龙油尖旺区红磡畅运道，港铁红磡站平台上，因此又称红磡体育馆，简称红馆。

关于香港体育馆的选址和“红磡体育馆”这一名称来源，还有一个小故事。19世纪初，香港政府在今天的红磡湾的位置填海，据说1909年的一天，有个建筑工人在工地上打井时，突然发现井里涌出的井水是朱红色的。后来承包商请来风水专家询问，风水专家经过勘察后，认为这里的建设伤了香港的龙脉，流出的红色井水是龙血。同时，井水也被进行科学的化验，结果显示，由于水中含有硫化铁及汞化物，所以显示红色。正因为这红色的井水，从此这里就被称为红磡。香港政府在计划修建体育馆时，由于这里位于贯穿香港岛和九龙半岛的香港海底隧道旁，且当时正在兴建红磡火车站，交通便利，因此选址在这里。“红磡体育馆”的得名也由此而来。

选址确定之后，1973年地基建设开始，但后来遇到了工程开支的问题，因此正式的建设直到1977年才展开。工程于1981年完成，1983年正式启用。启用仪式由当时的香港总督尤德爵士主持，仪式过程也在电视中直播。

红馆是由香港建筑署的设计处设计的，中央表演场面积近1700平方米，馆内有一万多个座位，天花板上悬挂着当时甚为先进的电视放映系统，馆内可以进行篮球、羽毛球、乒乓球等赛事，地面经过调整改变后，也可以进行舞蹈和滑冰等。体育馆外的露天广场，也可以进行相关活动。红磡体育馆虽然以“体育馆”命名，但是这里并不仅仅举行体育活动，而且实际上只有少数体育活动在这里进行。因为座位多，且能开四面台的场地，多数大型演唱会和综艺节目也常常在这里举办，香港大部分歌手都以在这里举办个人演唱会为荣。由此可见，红馆能够满足不同类型活动的需要，是一个多用途的综合型表演场馆。

红馆外形独特，下面狭窄上面开阔，像倒置的金字塔，又像是一颗钻石。表现了香港珍惜土地资源，建筑向空中拓展的理念。红馆是香港较为特别的建筑，曾被媒体形容为“世界上最独特的建筑工程之一”。

红馆结构上是由四个筒形支柱将屋顶架起，场馆内则没有任何支柱。场馆内四面是看台，一层一层呈斗状，分为红色、蓝色、绿色、黄色及咖啡色等不同颜色。这些颜色会在入场券上印出，以便于观众识别。在红馆中表演时，表演场地可以根据活动的不同需要而设置在中央或者一面。表演舞台设置在中央，则四面看台全部开放，设置在一面，则开放三面看台，余下的一面作为后台。体育活动以及演唱会等一般都是采用四面台的形式。体育馆的看台座位，有一万多个是固定的，另外还有2000个是推拉式的，方便不同活动的使用。表演场的地面也是可变的，混凝土的地面可以根据不同活动的需要而铺上木地板和胶地席。而且，场馆地面能承受每平方米1800公斤的压力，这样在进行演唱会等表演活动时，升降台和广播系统能够更随意使用。场馆内还设有四方向的彩色电视投影系统等技术性设备，可以使坐在后排和高处的观众也能清楚地看到舞台上的表演。除此之外，体育馆还建有活动室、贵宾室、化妆间以及更衣室等辅助设施。

香港体育馆从1983年启用至今，一直有十分高的使用率。体育比赛、演唱会、综合性节目及选美等活动多在这里举行，香港部分大学的毕业典礼也将这里作为场地。甚至一些宗教活动也曾在这里举办。地理位置和场馆设施都占有一定优势的香港体育馆在今后也必将发挥更大的作用。

第七节　香港中国银行大厦——现代化建筑的代表

香港中国银行大厦，是中国银行在香港的总部大楼，是香港最现代化的建筑之一。于1990年建成，由美籍华人建筑师贝聿铭设计。

贝聿铭在1982年被邀请设计香港中国银行大厦，作为一个华人，而且他的父亲曾是中国银行分行的负责人，所以贝聿铭接受了这份委托。香港中银大厦1982年开始规划设计，1985年破土动工，1990年大厦竣工，银行乔迁至此并开始营业。

香港中国银行大厦位于香港中西区花园道与金钟道交界处，在它的不远处，是由福斯特设计的汇丰银行总部大厦。贝聿铭认为，现代大众都偏爱刺激和时髦的事物，加上这一地段道路环绕，十分复杂，大厦基地面积只有8400平方米，所以要想在这样局促的土地中，在高楼林立的香港中环区凸显出来，就只能向高空发展。大楼建成后高315米，是当时香港最高的建筑。这也是贝聿铭的作品中最高的建筑物，象征着他事业的巅峰。

贝聿铭在设计这一座大楼时花了不少心思，因为福斯特的汇丰银行大楼设计在前，这既是一种压力也是一种动力。这位华人设计师最终以三角形的棱锥体组合的结构成功完成了设计。

大楼总建筑面积近13万平方米，有地上70层，地下4层。贝聿铭将中国传统建筑意识和现代先进建筑科技结合起来，设计了四个不同高度结晶体般的三角柱身组成大厦。大厦呈多面棱形，阳光照射下就像巨大璀璨的水晶。大楼的外形像竹节，设计意图便是竹子的“节节高升”。大楼是一个正方平面，对角连线就会出现4组三角形，每组三角形的高度不同，就像节节上升的竹子一般。因此这座楼常被人们比作生长的竹节，象征着生机、力量和锐意进取的精神。除了外形具有鲜明特色之外，大楼还具有很好的抗台风性能。

著名结构师Leslie E. Robertson与贝聿铭合作，担任大厦的结构设计。他建议外面用钢组构成盒状，再在其中灌入混凝土，用这种合成的超强结构体作为主干，来承重和抵抗风力。而且建筑采用几何不变的轴力代替几何可变的弯曲杆系，能够使水平荷载减小。建筑利用多个平面组成一个立体的支撑体系，几乎承担了高楼的全部重力，进一步增强了立体支撑抵抗倾覆力矩的能力。

大厦在设计上是十分成功的，但是在建造时却备受挫折。由于大厦不规则的尖削的外形，很多迷信风水的香港人认为大厦像个三棱的刀，会切去阴阳之间的平衡，是不吉利的东西，且会殃及其他建筑。因此，建筑在建造过程中引起了许多反对的声音。在这种情况下，建筑师贝聿铭和中国银行香港分行花费了大量时间和精力与港英当局的有关部门交涉，最终使大厦能够顺利建成。

香港中银大厦以出色的设计、完美的造型、较低的成本造价以及突出的高度成为了香港地区的标志性建筑。

第八节 澳门建筑史发展历程

澳门是中国的一个特别行政区，位于我国大陆东南沿海，东面紧邻香港，北面紧邻广州。由于长期不断地填海拓地，澳门的总面积已由19世纪的10多平方千米，扩大到现在的30多平方千米。澳门地区属于亚热带季风气候，潮湿多雨。

澳门在古代属于南海郡和百越地，1557年开始，葡萄牙人在明朝获得澳门的居住权，鸦片战争后，葡萄牙人乘机宣布澳门为其“殖民地”。1999年12月20日，中国才恢复对澳门行使主权。澳门是中国历史上最早的开放地区，产生了世界罕见的种族混杂现象。葡萄牙人在澳门的统治对澳门的社会生活各方面产生了不可忽视的影响。而鸦片战争后，澳门的华人数量增大，这使得中华文化影响扩大，澳门形成了多种文化兼容并存的局面。独特的地域环境和历史背景，使得它具有独特的融贯东西、汇聚古今的城市风貌。

在建筑方面，澳门的建筑历史十分悠久。妈阁庙建于明弘治元年（1488年），虽然距今已有500多年的历史，但是香火犹盛。圣保罗大教堂建造于1602年，历时30年建成，是当时远东最大的天主教堂。但是在1835年毁于战火，只剩下门前68级台阶和巴洛克式的花岗岩前壁，成为澳门最具特色的“大三巴牌坊”。

鸦片战争时，由于鸦片贸易和苦力贸易，澳门获得了高额收入，随着经济的客观发展，澳门在这一时期也进行了大量建设。建设者多将传统的中国式建筑与西方欧式建筑两种建筑特色相结合，建造了大量的新古典主义和折中主义建筑。这些建筑可以粗分为欧、华两种式样。一种是岗顶剧院、澳门

总督府、邮政总局等以葡萄牙人为代表的欧式建筑；另一种是镜湖医院、卢廉若公园等华人的中式建筑。

从居住住宅来看，澳门的常住居民为华人和葡萄牙人。华人的居住住宅有以郑家大屋为代表的院落式住宅，还有以福隆新街民居村为代表的联排式竹筒形铺屋。葡萄牙人的民居住宅，则都是仿照西方式样，入口有三角形门楣，进门后为前厅，起居室在二层。

20世纪30—40年代时，澳门虽然出现了早期的以简洁少装饰的立体主义为代表的现代建筑，但是这股现代建筑思潮对澳门的影响并不大，这一时期澳门建筑的主流依旧是注重装饰的中西混合的折中主义，这形成了典型的澳门风格，成为其城市的基本特征。澳门这种折中和包容的传统，使得各种派建筑都转化成为一种澳门式的表达。虽然这种建筑风格使得澳门给人一种保守的印象，也缺乏一些世界级的大师作品，但是这种风格在现代化步伐过快、各地传统逐渐消失的今天，使得澳门充满一种平静和怀旧的色彩。

第二次世界大战前后，澳门的建筑建设受到国际政治经济局势的影响。20世纪30—60年代，世界政治、经济局势动荡，建筑业也处于相对停滞的阶段。20世纪70—80年代，经济开始恢复和发展，建筑业也随之有了长足的进展，兴建了大量住宅及公共建筑。这一时期住宅和公共建筑的大量建设，有效地缓解了地少人多的压力，提高了土地的商业价值，但是这种集中的、大规模的房地产开发，却有着忽视建筑形象和环境质量、损害文物古迹的消极影响。1980年代以来，澳门对城市建设进行了反省，在稳定中发展，大量兴建了大型公共建筑，同时也丰富了建筑类型。

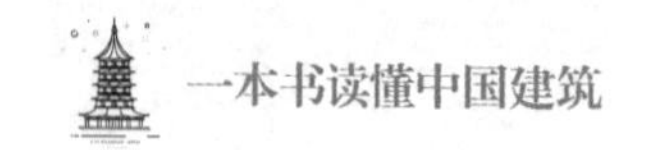

第九节　澳门博物馆——不可错过的特色博物馆

澳门博物馆，位于澳门大炮山，是一座综合性的博物馆。它由葡裔建筑家韦先礼设计，1998年建成。

澳门博物馆坐落在大炮台上，占据着绝佳的位置，是城市的心脏，在这里可以俯瞰内港。葡萄牙的耶稣会士来到澳门后在这里建造了炮台、神学院及教堂，这三大建筑被俗称为“大三巴”。1835年时，在一次台风中，这里遭遇失火，神学院以及大炮台的大部分建筑和教堂都遭到毁坏，只有教堂的前壁（俗称牌坊）得以幸免。后来澳门政府对这里进行了整理，建筑师在原来教堂的后面搭建了一个供游客登临的钢结构支架，这就是著名的圣保罗教堂遗址，即澳门的标志性建筑——大三巴牌坊。

距圣保罗教堂遗址不远的地方就是大炮台，除了对教堂进行修复外，澳门政府还决定在此修建一个展示澳门百年历史的博物馆，这就是后来的澳门博物馆。因位于圣保罗教堂遗址旁边，澳门博物馆又被称作圣保罗教堂遗址博物馆。

澳门博物馆位于钢结构支架的北面，建筑面积约3000平方米，有地下2层，地上1层，除了入口部分外，博物馆大多隐藏在地下，这样就最大限度地保留了大炮台原有的建筑风格和地貌特征。

澳门博物馆于1995年开始计划建设，1996年动工，1998年建成启用。工程主要包括博物馆展览大楼和博物馆行政大楼两部分，总面积为2800平方米，呈不规则四边形。澳门博物馆在建造过程中修建了一个有电动梯的入口，人们可以从这个入口进入大炮台。

澳门博物馆是一个综合性的博物馆，馆内收藏和展览着许多表现澳门历

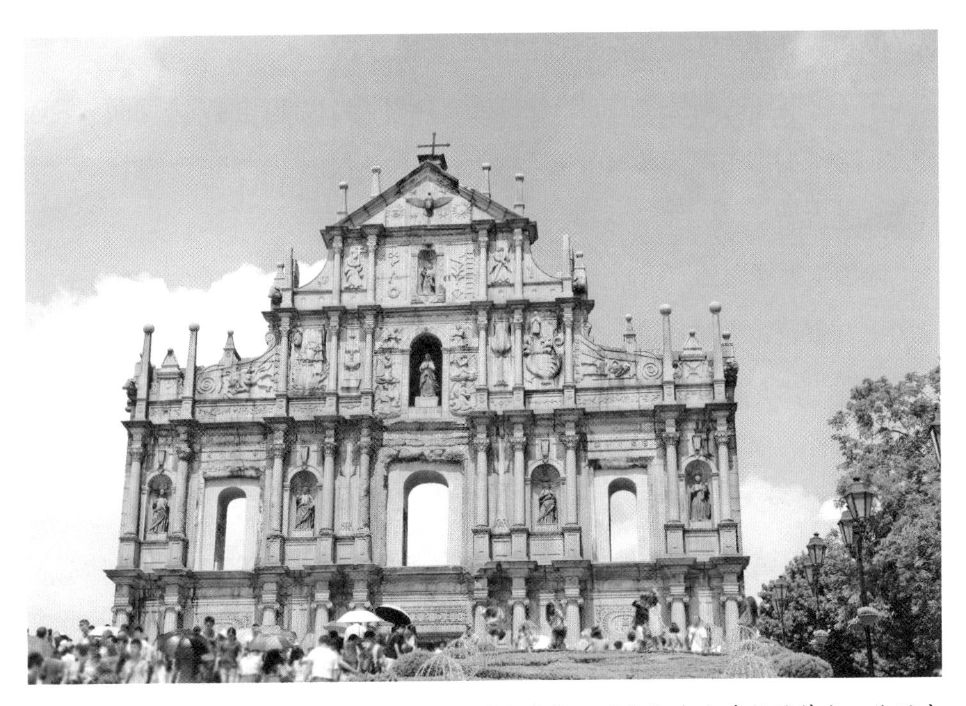

▲澳门的大三巴牌坊。建筑风格糅合了欧洲文艺复兴时期与东方建筑的特点，体现出东、西方艺术的交融，牌坊上各种雕像栩栩如生，堪称“立体的圣经”。

史和文化内涵的艺术品，表现出了澳门数百年来的历史变迁，以及来自不同国家、具有不同文化背景居民的生活。

博物馆大楼有三层，展览的专题内容大致上也包含三大部分，分别在馆内三层展区展示。

第一层展示的是澳门地区的原始文明。主要介绍了本地区的起源，也就是从新石器时期到16世纪葡萄牙人到达澳门之前的发展历程。另外，还展示了之后数百年间，中国人与葡萄牙人在澳门的贸易、宗教和文化等方面的接触，表现出了澳门这个重要的国际贸易商港的繁荣情况。这个时期可以说是澳门的黄金期。

第二层展示了澳门地区的民间艺术与传统文化。包括澳门的日常生活习俗、传统节庆、宗教仪式、传统手工艺及典型行业等。从这些展览中，人们可以感受到昔日澳门民间日常生活的场景。

第三层展现的则是澳门的当代特色。介绍了当代澳门的方方面面。表现出澳门今天的城市面貌和城市生活特色，同时还展出了以澳门为题材的文学作品和艺术品。

除展览大楼之外，行政大楼是博物馆的另一主要组成部分。它位于炮台之外，与展览馆大楼通过一个贯穿外墙，设有电动扶梯的隧道相连。总面积有2300平方米，设有行政及技术人员办公室、博物馆藏品仓库、修复室、工场、电脑部、保安中心及演讲厅等，还包括为市民及游客设计的礼品店和露天茶座。

澳门展览馆作为一个现代化的展览馆，运用了立体、光、声、像等高新技术手法，通过放映机、电视机以及多种语言的话筒来表现，所展示的物品和事件都形象生动、惟妙惟肖。这种利用新技术表现旧事件的方式，有利于激发参观者的好奇心，使人有一种探究下去的欲望。澳门博物馆中所展出的文物虽然数量不多，但是都能利用复制品或模型来强化展出效果。博物馆的大众化路向明确，展出平民百姓关心的日常物品或事件等，这样就增强了观众的参与兴趣。观众参观时能够充分掌握主动权，可以一般性地参观，可以有选择地参观，也可以深入了解。展览馆中新技术和人性化手段的运用，使参观者在参观时，只要在该展区或展品前按一下录像显示按钮，就有相关图像显现在眼前，还有多种语言的解说话筒可供选择。解说可以进行重复操作，且不会影响到其他人。

博物馆还与旅游业巧妙地结合起来，运用新颖的手法，展出有特色的事物，并将旅游娱乐融入其中，设有供人们休息的咖啡馆，还有精品和图书小卖部等，将博物馆展出中涉及的事件、人物、工具等制作成旅游纪念品出售，满足了参观者的不同需求，增强了参观者的兴趣。

第十节　澳门国际机场——填海造陆而建

澳门国际机场，是中华人民共和国澳门特别行政区内唯一的机场。

长期以来，澳门由于特殊的地理位置，既无铁路，也无深水码头，因此，主要通过香港和珠海进行对外来往。澳门国际机场于1989年正式开工，1995年建成启用，这是澳门有史以来最大的工程。

从空中望去，澳门国际机场像一把气势恢宏的方天戟头，正是这把“戟头”架起了澳门通往世界各地的空中桥梁。澳门国际机场是建造在人工填海的土地之上，它是目前世界上第二个建在海上的机场。虽然面积不大，但是澳门国际机场能够处理波音747航班，它是澳门本地到海外市场的主要货运航线，是大陆与台湾之间的空中客运交通中转站之一，也是世界上少数有到朝鲜的直航航班的机场之一，可见澳门机场有着非常重要的作用和地位。

澳门机场主要由候机楼坪、人工岛跑道和联络桥三大主体构成，有客运大楼、配餐大楼、航管大楼、设备维修楼、机库及办公大楼等主要建筑。在茫茫大海中填筑一个人工岛，再修建一个大型国际机场，是一个巨型且技术难度高的工程。机场跑道全长3000多米，可以双向起降，并由两条滑行道连接到停机坪。停机坪能停靠6架波音747和10架麦道MD-11飞机。在跑道与机场主楼之间，有两座联络桥，分别长700米和1600米。

客运大楼沿着伟龙马路，占地约45000平方米，设置了4座登机桥，每小时最高可处理单向2000人次流量。客运大楼内设施齐全，设置了酒店、麦当劳，还有专门的吸烟室。在离境一层，还有便利店和邮政等，在入境层，则有旅行社、公交站、出租车站等，这些设施都在极大程度上方便了旅客。另外，这里还覆盖有免费无线网络，也体现了机场人性化的特点。

货运大楼有8000平方米的储存仓库，货容量达12万吨，24小时运作。在机场北面还设有飞机维修库。机库大堂面积近7000平方米，可供波音747-8型飞机进库检修。除此之外，机场还建有600个车位的多层立体停车场。

除了客运大楼与货运大楼等必不可少的设施之外，澳门国际机场附近还建有综合商业设施，提供酒店、娱乐、展览等服务。在机场的北面，有一个为航机提供配餐的食品大楼，每日最高生产量达1万份餐。位于机场对面的是金皇冠中国大酒店，建造于1996年，是一间四星级酒店，设有海景餐厅及会议室等设备。

这样一个现代化的、全面完善的国际机场，在澳门的社会生活和经济发展等各方面都起着巨大的作用，它是澳门对外交往不可或缺的纽带。

参考文献

[1] 梁思成.中国建筑史[M].天津：百花文艺出版社，2005.

[2] 刘敦桢.中国古代建筑史（第二版）[M].北京：中国建筑工业出版社，2008.

[3] 伊东忠太.中国建筑史[M].陈清泉，译补，长沙：湖南大学出版社，2014.

[4] 毛心一，王壁文.中国建筑史[M].北京：东方出版社，2008.

[5] 王其钧.解读中国传统建筑——中国建筑史[M].北京：中国电力出版社，2012.

[6] 侯幼彬，李婉贞.中国古代建筑历史图说[M].北京：中国建筑工业出版社，2002.

[7] 潘谷西.中国建筑史（第六版）[M].北京：中国建筑工业出版，2009.

[8] 楼庆西.中国古代建筑——中国文化史知识丛书[M].北京：商务印书馆，1997.

[9] 何宝通.中国古代建筑及历史演变[M].北京：北京大学出版社，2010.

[10] 贾洪波.中国古代建筑[M].天津：南开大学出版社，2010.

[11] 彼得·罗，等.承传与交融：探讨中国近现代建筑的本质与形式[M].北京：中国建筑工业出版社，2004.

[12] 刘先觉.中国近现代建筑艺术[M].武汉：湖北教育出版社，2004.